Farina Graßmann

Wunderwelt heimische Amphibien

Gedruckt auf
100% Recyclingpapier

Wunderwelt heimische Amphibien

Alle 20 Arten im Porträt, Amphibienschutz, amphibienfreundlicher Garten

Entdeckt und fotografiert von Farina Graßmann

pala verlag

Literaturliste zu diesem Buch

Eine Liste der verwendeten Literatur zu diesem Buch, ergänzt um ausgewählte Bücher zum Weiterlesen, befindet sich als PDF zum Download auf der Internetseite zu diesem Buch unter: www.pala-verlag.de.

Inhalt

Unsere Amphibien schützen

Lebensräume im Garten

Meine Reise zu den Amphibien

Dieses Buch hat mich in die verschiedensten Regionen Deutschlands geführt. Von den schroffen Gebirgszügen der Bayerischen Alpen über die sanften Ausläufer der Niedersächsischen Elbtalaue bis hin zu den unwirklichen Tagebaufolgelandschaften der Lausitz. Auf meinen zahlreichen Reisen habe ich mich auf die Suche nach den zwanzig in diesem Land natürlich heimischen Amphibienarten begeben. Mein Wunsch war es, ihnen allen in der Natur zu begegnen und ihre Besonderheiten kennenzulernen. Vorab sei verraten: Der Wunsch ist in Erfüllung gegangen. Die Geschichten dieser oft im Verborgenen lebenden Tiere möchte ich hier erzählen.

Wer den Amphibien zuhört, dem flüstern sie ihre Geheimnisse zu, die unterschiedlicher nicht sein könnten. Unken mit herzförmigen Augen, Kröten mit Fesselkünsten und Frösche, die ihre Farbe wechseln – all das hat unsere heimische Amphibienwelt zu bieten. Noch dazu vollführen ihre Bewohner jedes Jahr aufs Neue ein beeindruckendes Schauspiel auf der Bühne Natur: Nachdem sie in Scharen zu den Gewässern gewandert sind, lassen sie dort ihr Konzert erklingen. Die Paarungsgesänge sind aus unserer Landschaft ebenso wenig wegzudenken wie das sommerliche Zirpen der Heuschrecken. Doch sie drohen zu verstummen. Das Amphibiensterben sorgt seit Jahrzehnten weltweit für Aufsehen. Und längst hat es auch unsere heimische Amphibienwelt eingeholt. Es sind gefährliche Zeiten für unsere kleinen Nachbarn: Ihre Lebensräume schwinden, der Einsatz von Giften und Dünger macht ihnen zu schaffen und der Klimawandel bedroht ihre Kinderstuben – die Gewässer. Noch dazu sind Krankheiten auf dem Vormarsch, die ganze Populationen vernichten. Auch vor meiner Haustüre schwindet die Zahl der Frösche, Kröten und Molche. Jedes Jahr ist sie am Amphibienzaun, der sie auf ihrer Wanderung schützt, ein kleines Stück kleiner. Eine Erfahrung, die die Freude über die geretteten Tiere trübt.

Um die Welt der Amphibien in ihrer Pracht und in ihrem Reichtum zu bewahren, braucht es mehr denn je Menschen, die sich für sie einsetzen. Und

es besteht Hoffnung: Der Schutz von Natur und Klima ist in aller Munde. Tausende Amphibienzäune werden Jahr für Jahr aufgebaut, um unsere Amphibien auf ihrer Wanderung zu schützen. Und durch die Renaissance der Naturgärten entstehen vielerorts grüne Inseln der Artenvielfalt, in denen sie ein Zuhause finden.

Dieses Buch will auch Anregungen dafür geben, wie wir alle gemeinsam ein Teil des Amphibienschutzes werden können, ob auf der Straße, im Garten oder in der Landschaft.

Farina Graßmann

Amphibien – wer sind sie?

Es ist eine ungemütliche Nacht. Zwar hat der Frühling bereits die frostigen Temperaturen vertrieben, doch seit Stunden regnet es ohne Unterlass. Während es sich die Menschen in ihren warmen Stuben gemütlich machen, beginnen sich im Boden Tausende kleine Wesen zu regen. Wie auf ein heimliches Zeichen hin verlassen Kröten den Ort, an dem sie die letzten Monate vor der Kälte verborgen verbracht haben.

Der Mond steht schon am Himmel. Doch die dichten Regenwolken lassen kaum Licht hindurch. Nur schemenhafte Bewegungen verraten den Beginn eines der faszinierendsten Ereignisse, die uns die Natur zu bieten hat: die Wanderung der Amphibien.

Das Amphibienjahr beginnt

Die Erdkröten gehören zu den ersten Amphibien, die sich nach der Überwinterung auf ihren weiten Weg begeben. Er führt sie aus dem alten Wald hinaus, über die Wiese, auf der es in wenigen Wochen zu blühen beginnen wird, bis hin zum dahinter liegenden Weiher. Der Großteil der Kröten kennt diesen Ort bereits, denn dort befindet sich ihre Geburtsstätte. Damals waren es ihre Eltern, die die Reise dorthin unternommen haben. Nun treten die Kinder in dieser Frühlingsnacht in ihre Fußstapfen.

Bis die Erdkröten an ihren Geburtsweiher zurückkehren, können mehrere Jahre ins Land gehen. Dennoch scheinen sie den Weg dorthin genau zu kennen. Wie sich Amphibien auf ihrer Wanderung orientieren, beschäftigt Forschende bis heute. Lange Zeit herrschte die Vorstellung einer Prägung auf den Geburtsort, die sie wie ein innerer Kompass leiten würde. Heute sind verschiedene Fähigkeiten bekannt, die den Amphibien bei der Orientierung helfen. Neben dem Erdmagnetfeld, das auch Zugvögel auf ihrer Reise um den Erdball führt, nutzen Amphibien zum Beispiel die Gerüche ihres Geburtsgewässers und die Geräusche ihrer Artgenossen, um ihren Weg zu finden. Während Erdkröten nur mit einem leisen Piepsen auf sich aufmerksam machen, warten einige ihrer Verwandten mit einem lautstarken Konzert auf. Das Quaken, Blubbern und Glucksen hilft ihnen bei der Partnersuche.

In milden Jahren schwimmt bereits im Februar der erste Laich im Gewässer. Laich – diese Bezeichnung für die Eier der Amphibien ruft unweigerlich Gedanken an den Tod hervor. Tatsächlich bezeichnete »Laich« damals in der hochdeutschen Mundart eine Leiche. Möglicherweise sollte diese Doppeldeutigkeit fromme Christinnen und Christen an die Unreinheit der Sexualität erinnern, die jedes Jahr aufs Neue vor aller Augen in den Dorfweihern stattfand. Nicht schmeichelhafter klingt die Bezeichnung »Kloake«. Sie steht für den Körperausgang, über den der Laich gleichermaßen wie der Kot und Urin ausgeschieden wird. Die Kloake ist äußerlich von Art zu Art unterschiedlich deutlich sichtbar und kann bei der Beantwortung der Frage helfen, welche Amphibienart wir vor uns haben.

Bild links: Auf dem Weg zum Laichgewässer legen die Erdkrötenmännchen einen Zwischenstopp ein. Auffällig aufgerichtet, halten sie im Schutz der Nacht nach einer Partnerin Ausschau.

Amphibien – wie sehen wir sie?

Die Geschichten von Menschen und Amphibien sind bereits seit Jahrtausenden miteinander verwoben. Die Menschen im alten Ägypten verehrten die froschköpfige Göttin Heket und sahen im Frosch das Symbol des Lebens und der Fruchtbarkeit. Ihr Leben war gebunden an das Wasser des Nils, mit dem nicht nur die Fruchtbarkeit über das Land kam, sondern auch die Frösche. Ihre schiere Menge findet sich im ägyptischen Zahlensystem wieder: Wahlweise steht hier der Frosch oder die Kaulquappe für die Zahl 100 000.

Einen vollkommen anderen Blick auf den Froschregen hatten die Menschen im Christentum. Sie sahen darin die Bestrafung des Pharaos durch den Gott Israels. Im Alten Testament wird als Auslöser für die zehn biblischen Plagen die Weigerung des Pharaos beschrieben, das israelitische Volk aus der Sklaverei zu entlassen. Forschende halten es für möglich, dass es damals in Ägypten tatsächlich zu einem Froschregen kam, der die biblische Erzählung geprägt hat. Dieser Ausdruck ist übrigens wörtlich zu verstehen, denn bis ins 18. Jahrhundert hielt sich der Glauben, dass Frösche aus den Wolken fallen.

In den nachfolgenden Jahrtausenden standen die Aussichten auf eine glückliche Beziehung von Menschen und Amphibien denkbar schlecht: Von Alchemisten wurden sie gekocht, von Naturforschenden bei lebendigem Leibe seziert, von Ärzten zu Medizin verarbeitet, von Bauern als Schädlinge auf dem Feld getötet und als Schutz für Haus und Hof aufgespießt. Damals wusste man wenig über sie. Und das sollte sich erst im Laufe der Jahrhunderte ändern.

In der Mitte des 16. Jahrhunderts veröffentlichte der Schweizer Arzt und Forscher Conrad Gessner die *Historia animalium.* Darin stellte er eine Reihe von Tieren und Fabeltieren vor – darunter auch Amphibien und Reptilien. Das Werk gilt als Kompendium des gesamten zoologischen Wissens, über das die europäischen Gelehrten zu damaligen Zeiten verfügten.

Die *Historia animalium* wurde wie die Werke zahlreicher Zeitgenossinnen und Zeitgenossen in lateinischer Sprache verfasst. Latein war damals die Wissenschaftssprache, die den Austausch zwischen Gelehrten aus unterschiedlichen Ländern ermöglichte. Gleichzeitig schloss diese Sprache das Gros der Bevölkerung lange Zeit von der Anteilnahme an Forschungsergebnissen aus. Denn Latein zu sprechen, zu lesen und zu schreiben, war nur einem kleinen Teil der Menschen möglich. Und auch die deutschen Übersetzungen der Werke fanden erst allmählich ihren Weg in die breite Bevölkerung. Deshalb verwundert es nicht, dass auch die Beziehung zu den Amphibien lange Zeit von religiösen und gesellschaftlichen Vorurteilen bestimmt wurde.

»Man begreift in der That nicht, wie es möglich gewesen, daß vernünftige Menschen solchen Unsinn erdacht haben können; [...] denn das nächtliche Treiben der im Verhältnisse zu den Fröschen unschön gestalteten Kröten kann doch unmöglich der Grund sein, weshalb die harmlosen, unschuldigen und höchst nützlichen Thiere beständig verdächtigt und verleumdet werden! [...] Keiner von denen, welche mit einem gewissen Selbstbewußtsein ihre Afterweisheit an den Mann zu bringen pflegen, hat sich jemals die Mühe gegeben, das zu untersuchen, von dem er faselt; keiner die Kröte und ihr Leben beobachtet, keiner eine gute Naturgeschichte gelesen oder mindestens verstanden«. (Alfred Brehm: Brehms Tierleben, 1883)

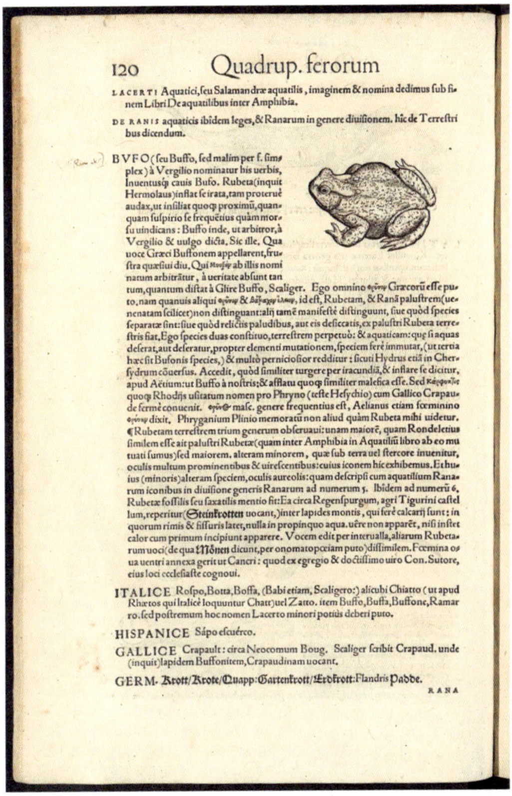

120 Quadrup. ferorum

LACERTI Aquatici, ſeu Salamandræ aquatilis, imaginem & nomina dedimus ſub finem Libri De aquatilibus inter Amphibia.

DE RANIS aquaticis ibidem leges, & Ranarum in genere diuiſionem. hîc de Terreſtribus dicendum.

BVFO (ſeu Buffo, ſed malim per ſ. ſimplex) à Vergilio nominatur his uerbis, Inuentusq́ cauis Bufo. Rubeta (inquit Hermolaus) inflat ſe irata, tam proteruè audax, ut inſiliat quoq́ proximũ, quanquam ſuſpirio ſe frequẽtius quàm morſu uindicans: Buffo inde, ut arbitror, à Vergilio & uulgo dicta. Sic ille. Qua uoce Græci Buffonem appellarent, fruſtra quæſiui diu. Qui [illegible] ab illis nominatum arbitrãtur, à ueritate abſunt tantum, quantum diſtat à Glire Buffo, Scaliger. Ego omnino φρύνην Græcorũ eſſe puto, nam quanuis aliqui φρύνην & βάτραχον ἑλειον, id eſt, Rubetam, & Ranã paluſtrem (uenenatam ſcilicet) non diſtinguant: alij tamẽ manifeſtè diſtinguunt, ſiue quòd ſpecies ſeparatæ ſint: ſiue quòd relictis paludibus, aut eis deſiccatis, ex paluſtri Rubeta terreſtris fiat, Ego ſpecies duas conſtituo, terreſtrem perpetuò: & aquaticam: quę ſi aquas deſerat, aut deſeratur, propter elementi mutationem, ſpeciem ferè immutat, (ut tertia hæc ſit Bufonis ſpecies,) & multò pernicioſior redditur: ſicuti Hydrus etiã in Cherſydrum cõuerſus. Accedit, quòd ſimiliter turgere per iracundiã, & inflare ſe dicitur, apud Aëtium: ut Buffo à noſtris; & afflatu quoq́ ſimiliter malefica eſſe. Sed [illegible] quoq́ Rhodijs uſitatum nomen pro Phryno (teſte Heſychio) cum Gallico Crapaude fermè conuenit. φρῦνος maſc. genere frequentius eſt, Aelianus etiam fœminino φρύνην dixit. Phryganium Plinio memoratũ non aliud quàm Rubeta mihi uidetur. ¶Rubetam terreſtrem trium generum obſeruaui: unam maiorẽ, quam Rondeletius ſimilem eſſe ait paluſtri Rubetæ (quam inter Amphibia in Aquatiliũ libro ab eo mutuati ſumus) ſed maiorem. alteram minorem, quæ ſub terra uel ſtercore inuenitur, oculis multum prominentibus & uireſcentibus: cuius iconem hîc exhibemus. Et huius (minoris) alteram ſpeciem, oculis aureolis: quam deſcripſi cum aquatilium Ranarum iconibus in diuiſione generis Ranarum ad numerum 5. Ibidem ad numerũ 6. Rubetæ foſſilis ſeu ſaxatilis mentio fit: Ea circa Regenſpurgum, agri Tigurini caſtellum, reperitur (Steinkrotten uocant,) inter lapides montis, qui ferè calcarij ſunt: in quorum rimis & fiſſuris latet, nulla in propinquo aqua. uêre non apparẽt, niſi inſtet calor cum primum incipiunt apparere. Vocem edit per interualla, aliarum Rubetarum uoci (de qua Mönen dicunt, per onomatopœiam puto) diſſimilem. Fœmina oua uentri annexa gerit ut Cancri: quod ex egregio & doctiſſimo uiro Con. Sutore, eius loci eccleſiaſte cognoui.

ITALICE Roſpo, Botta, Boffa, (Babi etiam, Scaligero:) alicubi Chiatto (ut apud Rhætos qui Italicè loquuntur Chatt) uel Zatto. item Buffo, Buffa, Buffone, Ramarro. ſed poſtremum hoc nomen Lacerto minori potiùs deberi puto.

HISPANICE Sápo eſcuérco.

GALLICE Crapault: circa Neocomum Boug. Scaliger ſcribit Crapaud. unde (inquit) lapidem Buffonitem, Crapaudinam uocant.

GERM. Krott/Krote/Quapp: Gartenkrott/Erdkrott: Flandris Padde.

RANA

Der Schweizer Universalgelehrte Conrad Gessner (1516 – 1565) bildete in seinen Werken neben Amphibien auch Fabelwesen ab.

Mit diesen Worten wandte sich der Naturforscher und Schriftsteller Alfred Brehm an seine Zeitgenossinnen und Zeitgenossen. Mit seinem Blick auf die Tierwelt war er seiner Zeit weit voraus. Von Kindheit an war er von Tieren umgeben. Allerdings interessierte sich sein Vater, der Pfarrer Christian Ludwig Brehm, mehr für die toten als die lebendigen Exemplare. In seinem Elternhaus in Thüringen war Alfred von Tausenden präparierten Vögeln umgeben – der Sammlung seines vogelkundlich interessierten Vaters, von der sich ein Teil heute im Museum Alexander König befindet.

Alfred Brehm zog es bereits im Alter von 18 Jahren in die Ferne. Die Eindrücke, die er in den unterschiedlichsten Ländern sammelte, ließ er in seine Enzyklopädie *Brehms Thierleben* einfließen, die weltweite Bekanntheit erlangte. Dass seine Bücher über das trockene Wissen hinausgingen und sich

Leonhard Baldner (1612 – 1694) stammte aus dem Elsass.
Seine Beobachtungen hielt der Naturforscher in detaillierten Malereien fest.

auch mit der Gedanken- und Gefühlswelt der Tiere beschäftigten, hat bei der zeitgenössischen Leserschaft für Verwunderung gesorgt. Wie der Ausschnitt über die Kröten zeigt, war ihm dabei die Vermittlung von Wissen ebenso wichtig wie der Schutz von »unschuldigen und höchst nützlichen Thieren«.

Noch zu Brehms Lebzeiten hatten Amphibien kein gutes Ansehen, und das sollte sich erst nach seinem Tod allmählich ändern.

Amphibien – was wissen wir über sie?

Das hielt Naturforscherinnen und Naturforscher allerdings nicht davon ab, sich dem Studium von Amphibien zu widmen. Mehr als 400 Jahre ist es her, dass sich Conrad Gessner der europäischen und nicht-europäischen Tierwelt widmete. Dadurch bekam seine Leserschaft des 16. Jahrhunderts einen Eindruck von Tieren, die sie in ihrem Leben sonst nie zu sehen bekommen

Bilder rechts: August Johann Rösel von Rosenhof (1705 – 1759) war ein Zeitgenosse des schwedischen Naturforschers Carl von Linné. Sein Werk »Die natürliche Historie der Frösche hiesigen Landes« enthält eine Fülle an Illustrationen und Beschreibungen, die durch ihre Exaktheit begeistern.

hätten. Mit seinem monumentalen Werk *Historiae Animalium* half Gessner, die Grundlage für die wissenschaftliche Erforschung von Tieren zu legen. In vier Bänden, die zwischen 1551 und 1558 zunächst in lateinischer Sprache erschienen, finden wir detailreiche Beschreibungen und lebensechte Holzschnittillustrationen zu unzähligen Tiergruppen – darunter auch Amphibien. Über Jahrhunderte hinweg beeinflussten seine Werke die Naturwissenschaften und sprachen eine breite Öffentlichkeit an. Dank der Illustrationen erreichte sein Wissen auch jene, die des Lesens nicht mächtig waren.

Aus den darauffolgenden Jahrhunderten kennen wir weitere herausragende Illustrationen von Amphibien. Sie finden sich außer in Leonhard Baldners *Vogel-, Fisch- und Thierbuch* von 1666 auch in Maria Sibylla Merians *Metamorphosis Insectorum Surinamensis* von 1705. Von Merians kolorierten Kupferstichen ließ sich auch der deutsche Naturforscher, Maler und Kupferstecher August Johann Rösel von Rosenhof inspirieren. Er gilt heute als Begründer der Feldherpetologie. Diese befasst sich als Teildisziplin der Herpetologie – der

Auf dem verzierten Buchtitelblatt verewigte August Johann Rösel von Rosenhof die Inschrift »Bewundere mit Staunen, was die kleinsten Geschöpfe zeigen«.

Lurch- und Kriechtierkunde – mit der Erforschung von Amphibien und Reptilien im freien Feld. In seinem Werk *Historia naturalis ranarum nostratium – Oder Die Natürliche Historie der Frösche hiesigen Landes* bildete Rösel von Rosenhof die Tiere in farbenfrohen Illustrationen naturgetreu ab und stellte ihre natürliche Lebensweise dar.

Ein anderes Bild zeichnete ein Zeitgenosse Rösel von Rosenhofs: der schwedische Naturforscher Carl von Linné: »Diese ekelhaften und widerwärtigen Tiere sind aufgrund ihres kalten Körpers, der bleichen Farbe, ihres knorpeligen Skeletts, der schmutzigen Haut, ihrer ungestümen Erscheinung, des berechnenden Auges und widerlichen Gestankes, der abstoßenden Stimme und der schmutzigen Umgebung, in der sie leben, sowie des schrecklichen Giftes verhaßt; deshalb hat ihr Schöpfer kaum Kraft verschwendet, um viele von ihnen zu schaffen.« (Carl von Linné: Systema naturae, 1758)

Der Einfluss von Carl von Linné ist bis heute in der Wissenschaft zu finden. Als Begründer der binären Nomenklatur schuf er die Grundlage für die wissenschaftliche Benennung biologischer Arten: Der zweiteilige (binäre) Artname – aus dem Gattungsnamen und darauffolgendem Artzusatz – ermöglicht die Verständigung über sprachliche Grenzen hinweg. So wird etwa aus dem deutschen »Laubfrosch«, dem englischen »tree frog« und dem niederländischen »boomkikker« die biologische Art *Hyla arborea* (LINNAEUS, 1758). Im Anschluss an den wissenschaftlichen Artnamen findet sich die Information darüber, wem die Erstbeschreibung der Art zugesprochen wird – in diesem Fall Carl von Linné im Jahr 1758. Glücklicherweise ist das Bild, das wir heute von Amphibien haben, ein anderes als das von Carl von Linné.

Die Erforschung der Amphibien – wo haben sie ihren Platz?

Seit Carl von Linné in seinem Werk *Systema Naturae* Tausende Arten beschrieb, gab es in der Naturwissenschaft zahlreiche Veränderungen. Nicht zuletzt durch die Errungenschaften der Genetik konnte man den Verwandtschaftsverhältnissen in der Natur auf die Spur kommen. Dadurch änderten sich auch bei den Amphibien manche Zuordnungen zu Gattungen und damit die Benennungen der Arten. So kam es beispielsweise in der Gattung *Triturus* dazu, dass nach molekulargenetischen Untersuchungen mehrere Arten höflich hinauskomplementiert wurden: Von den in Deutschland vorkommenden Molchen blieb lediglich der Kammmolch *(Triturus cristatus)* zurück – der Bergmolch *(Ichthyosaura alpestris)* sowie der Fadenmolch *(Lissotriton helveticus)* und der Teichmolch *(Lissotriton vulgaris)* fanden in anderen Gattungen ein neues Zuhause.

Diese Veränderungen konnte Carl von Linné nicht erahnen. Damals ordnete er in die Klasse Amphibia sowohl Amphibien als auch Reptilien im heutigen Sinne ein und anfänglich sogar mehrere Arten von Fischen. Noch in der 12. Auflage, der letzten, die Linné herausgab, vereinte er in dieser Klasse unter der Bezeichnung *Lacerta* sowohl Amphibien wie den Teichmolch und den Feuersalamander als auch Reptilien wie die Zauneidechse. Bis die Unterscheidung gelang, sollte noch mehr als ein halbes Jahrhundert vergehen. Erst in dem 1820 erschienenen Versuch eines Systems der Amphibien vom deutschen Zoologen Blasius Merrem wurden die Amphibien- und Reptilienarten in eigenständige Klassen eingeteilt. Darüber hinaus schuf Merrem eine Grundlage für die Bestimmung. Ein wichtiges Merkmal ist hierbei die Haut, die bei den Batrachiern, wie er die Amphibien nannte, glatt oder warzig und bei den Pholidoten, seine Bezeichnung für die Reptilien, horn- oder lederartig mit Schuppen oder Schildern besetzt ist. Darüber hinaus unterschied er sie auch am inneren Aufbau des Körpers, am Atem- und Blutkreislauf, an Geschlechtsorganen und am Aufbau der Eier.

Obwohl es nun eine begriffliche Trennung gab, wurden und werden Amphibien und Reptilien weiterhin unter dem Dach einer Disziplin – der Herpetologie – erforscht.

Amphibien – was macht sie aus?

Amphibien und Reptilien unterscheiden

Wer in der Natur einem Tier begegnet und sich nicht sicher ist, ob es sich um eine Amphibie oder ein Reptil handelt, kann das Rätsel mit einem genauen Blick leicht lösen. Zum einen bietet sich für die Unterscheidung die Haut an. Sie ist bei den Amphibien nackt und wenig verhornt, bei den Reptilien hingegen stark verhornt, mit Schuppen oder Schildern bedeckt. Zum anderen lässt sich des Rätsels Lösung auch an den Fingern abzählen – allerdings nicht an den eigenen fünf Fingern, sondern an denen des Tieres. Während Eidechsen, die als einzige Angehörige der Reptilien Anlass zur Verwechslung bieten, an allen Gliedmaßen fünf Zehen haben, sind es bei Amphibien nur an den hinteren Gliedmaßen fünf, an den vorderen hingegen vier. Neben den Eidechsen gehören hierzulande auch die Schildkröten, die Schlangen und die Blindschleichen zu den Reptilien. Sie lassen sich leicht an dem vorhandenen Panzer oder den Schuppen beziehungsweise den fehlenden Gliedmaßen von den Amphibien unterscheiden.

Anders als Reptilien, die sich bei Temperaturen von 30 bis 33 Grad Celsius am wohlsten fühlen und sich beim ausgiebigen Sonnenbaden beobachten lassen, bevorzugen Amphibien ein schattiges und feuchtes Plätzchen. Hierbei sei vorweg gesagt: Auch unter den Amphibien gibt es Sonnenanbeter, die sich an Land von der Sonne wärmen lassen. Doch letztendlich sind sie wie ihre Verwandten an die Feuchtigkeit gebunden.

Amphibien leben zwischen den Welten – dem Wasser und dem Land. Ihr Leben beginnt im Wasser. Mit Ausnahme weniger Arten lassen die meisten Amphibieneltern ihre Eier dort zurück – einzeln oder in großen Gruppen. Im Gegensatz zu den Eiern der Reptilien sind die der Amphibien nicht von einer festen Schale, sondern lediglich von einer wasserhaltigen, elastischen Gallerte umgeben. Aus den Eiern schlüpfen die Larven – sie stellen ein Kindheitsstadium dar, das vollkommen anders aussieht als das erwachsene Tier. Auch viele Insekten haben Larven – bei den Schmetterlingen zum Beispiel als Raupen bekannt. Die Larven von Fröschen, Kröten und Unken werden Kaulquappen genannt. Sie ähneln in ihrem Aussehen zunächst kleinen

Bild links: Der Salamander wird oft mit den Eidechsen verwechselt – doch er stammt aus einer anderen Klasse und hat mit dem geschuppten Reptil nicht viel gemeinsam.

Fischen und wechseln im Laufe ihrer Kindheit allmählich die Gestalt. Aus der im Wasser lebenden Larve, die mithilfe ihrer Kiemen atmet, entwickelt sich innerhalb von mehreren Wochen oder Monaten eine an Land lebende Amphibie, die Lungen besitzt, weite Strecken laufen und große Beutetiere verspeisen kann. Diese Metamorphose gehört zweifellos zu den faszinierendsten Schauspielen der Natur.

Ihren Namen haben sich die Amphibien damit redlich verdient – »doppellebig« bedeutet er, abgeleitet aus dem altgriechischen amphíbios, das sich aus den Wörtern ἀμφί | amphí für »doppelt« und βίος | bíos für »Leben« zusammensetzt. Für ihr Leben zwischen den Elementen bringen sie eine breite Palette an Fähigkeiten mit.

Die leuchtend grüne Haut des Laubfrosches wirkt glatt und glänzend. Erst aus der Nähe wird die Struktur sichtbar, die dem Frosch das Leben zwischen den Elementen ermöglicht.

Leben zwischen den Elementen – Haut

Die Larven können nicht nur mithilfe ihrer Kiemen atmen, sondern auch über ihre Haut. Während sich die Kiemen am Ende des Larvenstadiums im Wasser zurückbilden und durch Lungen ersetzt werden, bleibt die Fähigkeit zur Hautatmung ein Leben lang erhalten. Dadurch können sich Amphibien lange Zeit unter Wasser aufhalten, um dort zum Beispiel den Winter zu verbringen oder sich fortzupflanzen. Je nach Art ist der Anteil der Hautatmung unterschiedlich hoch: Bei der Erdkröte, die den Großteil ihres Lebens an Land verbringt, liegt er bei nur etwa einem Viertel der Gesamtatmung. Beim Feuersalamander, der am liebsten bei Regen unterwegs ist, nimmt er etwa die Hälfte ein. Und beim über längere Zeiträume im Wasser lebenden Kammmolch liegt der Anteil der Hautatmung an der Gesamtatmung bei fast drei Viertel.

Weil Amphibien in unterschiedlichen Elementen leben, muss ihre Haut verschiedenen Ansprüchen gerecht werden. Beim Landaufenthalt muss sie durchlässig genug sein, um Feuchtigkeit aufnehmen zu können, aber gleichzeitig abweisend genug, um eine starke Verdunstung zu verhindern. Dabei ermöglicht sie ein kleines Wunder: Amphibien trinken nicht wie wir, sondern decken ihren Flüssigkeitsbedarf über die Haut. Diese muss auch an Land stets feucht genug sein, um zudem die darüber stattfindende Atmung zu ermöglichen. Das gewährleisten die in der Haut liegenden Schleimdrüsen. Im Gegensatz zum Landaufenthalt muss die Haut beim Wasseraufenthalt abweisend sein, damit kein Wasser eindringt. Auch dabei hilft der von den Drüsen produzierte Schleim.

Um die Herausforderungen des Lebens zwischen den Welten zu meistern, verändert sich die Haut mancher Amphibienarten im Jahresverlauf. Je nach Lebensraum übernimmt sie verschiedene Funktionen und sieht unterschiedlich aus. Trotz dieser Anpassungsfähigkeit bietet die Haut nur einen begrenzten Verdunstungsschutz. Deshalb suchen Amphibien an Land gerne feuchte Verstecke und verlassen sie vor allem bei hoher Luftfeuchtigkeit – beispielsweise vor oder nach Regen – und nachts.

Da die äußerste Schicht der Haut – die Hornschicht – abgestorben ist und nicht mitwächst, müssen die meist zeitlebens wachsenden Amphibien von Zeit zu Zeit »aus der Haut fahren«. In der Regel wird die abgestreifte Hautschicht von den Amphibien gefressen. Dadurch werden die darin enthaltenen Nährstoffe wieder aufgenommen und gehen nicht verloren.

Neben den Schleimdrüsen haben Amphibien Körnerdrüsen. Diese können ein giftiges Sekret produzieren, das sie vor hungrigen Mäulern schützen soll. Darüber hinaus ist es eine Schutzschicht, die das Infektionsrisiko durch Pilze und Bakterien verringert. Treten die Giftdrüsen gehäuft auf, fallen sie leicht ins Auge. In Form von wulstigen Erhebungen tragen sie zum Beispiel Erdkröten hinter den Augen. Passend werden diese Drüsenpakete auch Ohrendrüsen – oder in der Fachsprache »Parotiden« – genannt. Kommt das austretende Gift mit Schleimhäuten in Kontakt, kann es zu schmerzhaften Reizungen kommen. Ausgewachsene Erdkröten werden aufgrund dieser Wehrhaftigkeit von vielen Tieren verschmäht. Auch ihre Larven verfügen bereits über die schützenden Hautsekrete. Froschquappen werden deshalb von Fischen lieber gefressen als Krötenquappen. Dennoch können sich Amphibien mit ihrem Gift nicht vollständig vor Feinden schützen – unter den bei uns heimischen Arten gibt es keine Art, die nicht auf der Speisekarte eines anderen Tieres steht.

Alle Amphibienarten sondern, vor allem wenn sie in die Hand genommen werden, das schleimige Sekret ab. Es ist unterschiedlich giftig. Im Gegensatz zu tropischen Arten stellen unsere heimischen Amphibien für uns aber keine tödliche Gefahr da. Um unangenehme Schleimhautreizungen zu vermeiden, genügt es, die Hände mit Wasser zu waschen, bevor man sich mit den Fingern über die Augen reibt.

Leben zwischen den Elementen – Gehör und Geruch

Im Frühling beginnt das Konzert der Amphibien. Stimmgewaltige Arten wie der Laubfrosch und die Kreuzkröte haben nun ihren Auftritt. Über einen Kilometer weit tragen die Rufe der Männchen über die Landschaft – sozusagen eine Partnersuche mit dem Megafon. Konnten sie eine Partnerin erobern, ist schlagartig Stille ... bis die Suche von Neuem beginnt.

Die Sänger unter den Amphibien sind bei der Eroberung von neuen Gewässern klar im Vorteil. Denn sie brauchen nur darauf zu warten, dass ein Partner ihren Rufen folgt. Bei Fröschen ist das Gehör äußerlich deutlich sichtbar. Anders als wir Menschen haben sie keine Ohrmuscheln – das würde auch recht wunderlich aussehen –, das Trommelfell befindet sich ungeschützt an der Seite des Kopfes. Kreisrund sieht es fast aus wie ein zweites Auge.

Wasserfroschmännchen veranstalten im Frühling und Frühsommer ein lautstarkes Konzert. Es ist für die Ohren der Weibchen bestimmt.

Bei den Unken und oft auch bei den Kröten ist das Trommelfell hingegen von außen nicht sichtbar. Und bei den Molchen und Salamandern fehlt es ganz. Taub sind sie deshalb aber nicht. Denn wie ihre Verwandten besitzen sie im Mittelohr ein Gehörknöchelchen, das Schwingungen ins Innenohr überträgt. Während Schallwellen bei Fröschen, Kröten und Unken das Trommelfell in Schwingungen versetzen, wirken sie bei Molchen und Salamandern direkt auf die Knochen.

Amphibien hören nicht nur von der Luft übertragene Schallwellen, auch auf Erschütterungen des Bodens – den sogenannten Substratschall – reagieren sie. Wer an einem Gewässer Frösche beobachtet, merkt, dass bereits ein Schritt am Ufer ausreichen kann, damit sie mit einem lauten Platschen ins Wasser springen. Erst wenn sie sich sicher fühlen, kehren sie zurück an Land.

Das Erfühlen der Umgebung funktioniert nicht nur an Land, sondern auch im Wasser. Amphibienlarven haben ein sogenanntes Seitenlinienorgan – das sind Sinneszellen, die sich auf ihrem Körper befinden. Damit können sie feinste Wasserbewegungen und somit eine mögliche Bedrohung durch Feinde oder ein vorbeischwimmendes Beutetier registrieren. Bei einigen Amphibienarten – wie den Molchen – bleibt das Seitenlinienorgan im Erwachsenenalter erhalten. Das hilft ihnen, im Wasser Beute zu machen und zugleich nicht selbst erbeutet zu werden. Die Sinneszellen spielen auch eine wichtige Rolle bei der Partnersuche. Denn die Molche bewegen dabei in einem komplizierten Ritual das Wasser. Der potenzielle Partner bemerkt die entstandenen Schwingungen und trifft anschließend die Entscheidung darüber, ob es zu einer Verpaarung mit dem Bewerber kommt.

Neben dem Gehör und dem Gefühl kommt es bei der Partnersuche auch auf den Geruch an. Bis sich die Partner riechen können, kann viel Zeit ins Land gehen. Ein Teichmolchmännchen zum Beispiel markiert sein im Wasser liegendes Revier, indem es seine Duftstoffe verteilt. Stößt ein Weibchen darauf, sendet es ebenfalls Duftstoffe aus. Und auch nachdem sich die beiden gefunden haben, ist das Kennenlernen eine dufte Sache. Das Riechen spielt sich bei Amphibien vor allem im Mund ab. Denn am Gaumen befinden sich zahlreiche geruchsempfindlichen Zellen. Deswegen öffnen und schließen Amphibien beim Riechen ihren Mund.

Was fressen unsere heimischen Amphibien?

So verschieden, wie die bei uns heimischen Amphibien sind, so unterschiedlich ist auch ihre Nahrung. Die Kaulquappen der Froschlurche ernähren sich überwiegend pflanzlich – sie weiden den Algenbewuchs von Steinen ab oder raspeln an Wasserpflanzen. Doch auch im Wasser schwimmendes Aas verschmähen sie nicht. Der Nachwuchs der Schwanzlurche ernährt sich hingegen rein tierisch: In den Waldbächen jagen Feuersalamanderlarven nach Bachflohkrebsen und im Gartenteich erbeuten Molchlarven Wasserflöhe oder Hüpferlinge. Mit zunehmendem Alter wachsen auch die Beutetiere – gefressen wird, was ins Maul passt. Die sprungkräftigen Seefrösche erbeuten sogar große, auf den Uferpflanzen sitzende Libellen.

Bilder links: Libellen, Wasserläufer, Bachflohkrebse – im und um das Gewässer herum finden Amphibien eine breite Palette an Beutetieren.

Molch oder Frosch – wie unterscheiden sich die Amphibien?

Amphibien gab es lange bevor die Vorfahren des Menschen lebten. Bereits vor etwa 360 Millionen Jahren, im Devon, erreichten ihre Ahnen eine erstaunliche Vielfalt. Deswegen wird diese Zeit auch Lurchzeitalter genannt. Damals verließen die ersten Tiere das Meer und begannen, über das Land zu laufen. Bis die unmittelbaren Vorfahren der heute lebenden Amphibien die Bühne betraten, vergingen nach aktuellem Wissen noch mehrere Millionen Jahre. Die ältesten Funde von Tieren, die unseren heutigen Fröschen ziemlich ähnlich sind, haben immerhin ein beträchtliches Alter von 185 bis 180 Millionen Jahren. Zum Vergleich: Der Auftritt des Menschen begann vermutlich erst vor 7 bis 5 Millionen Jahren. Damals trennten sich die Vorfahren der Schimpansen und die Hominini – die Ahnen der Menschen – endgültig.

Die drei Hauptgruppen, die bei den heutigen Amphibien unterschieden werden, gingen zu dieser Zeit bereits evolutionär getrennte Wege. Von den vielfältigen Uramphibien, die durch die Zeitalter hinweg die Erde besiedelten, überlebten bis heute nur die Froschlurche *(Anura)*, die Schwanzlurche *(Urodela)* und die Schleichenlurche oder Blindwühlen *(Gymnophiona)*. Letztere haben ihren natürlichen Lebensraum weit von uns entfernt in den Tropen. Mit einem Körper, der sie wie dicke Regenwürmer aussehen lässt, haben sie nicht viel mit den Lurchen hierzulande gemeinsam.

Doch zurück zu den Amphibien vor unserer Haustüre: Zu den Froschlurchen zählen Frösche, Kröten und Unken, zu den Schwanzlurchen Molche und Salamander. Die Angehörigen der beiden Gruppen lassen sich leicht voneinander unterscheiden, denn anders als die Schwanzlurche sind die Froschlurche nach der Metamorphose schwanzlos. Außerdem sind ihre Hinterbeine meist deutlich länger als ihre Vorderbeine. Dank ihres Körperbaus gibt es unter ihnen rekordverdächtige Athleten, die sich mit einem weiten Sprung vor Feinden in Sicherheit bringen können. Wenn sie es nicht eilig haben, gehen, hoppeln oder hopsen sie. Im Gegensatz zu den Froschlurchen haben die Schwanzlurche eine gestreckte Gestalt und etwa gleich lange Gliedmaßen.

Nicht nur in der Erscheinung der erwachsenen Tiere unterscheiden sich die beiden Gruppen, sondern auch in ihrer Entstehung. Während die Befruchtung der Eier bei den Froschlurchen äußerlich stattfindet, kommt es bei den Schwanzlurchen zu einer inneren Befruchtung. Das bedeutet, dass bei Froschlurchen die Eier vom Weibchen abgegeben und anschließend vom

Bilder links: Der Teichmolch (oben) und der Grasfrosch (unten) gehören hierzulande zu den häufigsten Amphibienarten und sind nicht selten auch im Garten zu Gast.

Männchen befruchtet werden. Bei Schwanzlurchen nimmt das Weibchen die Samen des Männchens hingegen auf, sodass die Befruchtung der Eier im Inneren ihres Körpers stattfindet.

Die folgenden Artporträts blicken sowohl auf das Aussehen unserer heimischen Amphibien als auch in ihr Leben. Wer bei den ersten Ausflügen in die Welt der Amphibien einem Tier begegnet, steht vor der Frage: Wen habe ich vor mir? Diese Frage ist unterschiedlich schwer zu beantworten, denn es gibt Arten, die leicht zu verwechseln sind. Deswegen lohnt es sich, die Welt der Amphibien zunächst grob einzuteilen. Auf der einen Seite liegt das Reich der Froschlurche und auf der anderen Seite das Reich der Schwanzlurche.

Was unterscheidet Frösche, Kröten und Unken?

Die Froschlurche – die Frösche, Kröten und Unken – lassen sich mit einem Blick auf die Haut unterscheiden. Die Kröten und Unken tragen ein grobes Kleid, ihre Haut wirkt warzig und trocken. Während die Haut der Kröten in Braun-, Gelb- und Grüntönen gefärbt ist, weist sie bei den Unken am Bauch noch dazu eine leuchtend gelbe bis rote Färbung auf. Die Frösche sind hingegen in ein glatteres Gewand gehüllt. Ihre Haut wirkt weicher und feuchter. Noch dazu unterscheiden sich die Frösche in ihrem Körperbau von den übrigen Froschlurchen: Sie sind schlanker gebaut und haben im Verhältnis zum Körper längere Beine. Kröten und Unken haben dagegen einen gedrungeneren Körperbau und wirken dadurch unförmiger.

Bei der Unterscheidung ist es wichtig zu bedenken, dass sich die Natur nicht an Regeln hält. Auch bei Fröschen, zum Beispiel beim Seefrosch, kann die Haut warzig aussehen und auch bei Kröten kann es zum Beispiel aufgrund von Nahrungsmangel zu einer schlanken Körperform kommen.

Was unterscheidet Molche und Salamander?

Bei den Schwanzlurchen – den Molchen und Salamandern – hilft die Form des Schwanzes bei der Unterscheidung. Während er bei den Molchen abgeflacht ist, als hätte man ihn von den Seiten aus zusammengedrückt, ist er bei den Salamandern rundlich. Und auch die Haut der Schwanzlurche unterscheidet

Bilder links: Unsere heimischen Amphibien werden in zwei Ordnungen unterteilt: die Froschlurche und die Schwanzlurche. Zu Ersteren gehören neben Fröschen wie dem Laubfrosch (oben) auch etwa die Erdkröte (u. li.) und die Gelbbauchunke (u. re.).

Die Ordnung der Schwanzlurche umfasst auf der einen Seite Molche wie den Kammmolch (li. o.) und den Bergmolch (oben). Auf der anderen Seite gehören ihr mit dem Alpensalamander (u. li.) und dem Feuersalamander (u. re.) auch Amphibien an, die sich stärker an das Landleben angepasst haben.

sich: Bei den Salamandern ist sie glatt bis glänzend mit deutlichen, rundlichen Erhebungen – das sind die Drüsen. Die Färbung ist dabei entweder schwarz oder schwarz-gelb, seltener auch gelb-schwarz oder schwarz-rot. Bei den Molchen wirkt die Haut samtig bis matt, oft mit einer feinen Körnung. Im Jahresverlauf ändert sich die Beschaffenheit der Haut, sodass sich auch Molche mit einer glatten Hautoberfläche entdecken lassen. Die Färbung der Molche umfasst eine breite Palette: Sie reicht von Braun-, Gelb- und Schwarztönen bis hin zu Rot- und Blautönen. Oft zeigt sich die bunte Färbung als gepunktetes oder marmoriertes Muster.

Übrigens: Verwandtschaftlich haben die Artnamen der Amphibien nicht unbedingt etwas zu bedeuten. Obwohl der Name anderes vermuten lässt, ist zum Beispiel die Geburtshelferkröte näher mit den Unken als mit den anderen bei uns heimischen Kröten verwandt und der Laubfrosch näher mit den Echten Kröten *(Bufo)* als mit den Echten Fröschen *(Rana)*.

Der Laich von Kröten und Fröschen lässt sich anhand der Form leicht unterscheiden: Bei den Kröten sind die Eier zu Laichschnüren verknüpft. Bei den Fröschen dagegen sind sie einzeln in durchsichtige Gallerten gehüllt und kleben in Ballen aneinander.

Laichstrategien – über kurz oder lang

Unsere heimischen Amphibien treten ihren Weg zu den Gewässern nicht nur zu verschiedenen Zeitpunkten an. Sie halten sich dort auch unterschiedlich lange auf.

Die Grasfrösche zum Beispiel gehören zu den Explosivlaichern. Nachdem sie sich bereits früh im Jahr zu den Gewässern begeben haben, bleiben sie dort nur für eine kurze Zeit. Ebenso unvermittelt, wie sie zuvor aufgetaucht sind, sind sie auch wieder verschwunden. Die Weibchen verlassen das Gewässer schon in der Nacht des Ablaichens, die Männchen bleiben noch eine kurze Zeit am Fortpflanzungsort.

Daneben gibt es auch Langzeitlaicher. Zu ihnen gehören zum Beispiel die Teichfrösche. Sie treffen sich in der Regel erst im April zur Fortpflanzung im Gewässer. Dort sind ihre ausdauernden Gesänge bis in den Sommer hinein zu hören. Denn die Laichzeit reicht bei ihnen bis in den Juli.

Bilder links unten: Ob mit Wasser gefüllte Gräben zwischen Wiesen (li.) oder von der Sonne beschienene Feuchtwiesen (re.) – der Amphibiennachwuchs wächst in den verschiedensten Gewässern heran.

Unsere heimischen Amphibien

Die Erdkröte

Bufo bufo

Die Erdkröte ist hierzulande nicht nur die häufigste Amphibienart, sondern auch die größte Krötenart. Auf eine Körperlänge von bis zu 11 Zentimetern kann sie es bringen. Dabei werden die Weibchen deutlich größer als die Männchen, was zu ungleichen Paaren führt.

In der Hoffnung, einen Partner zu finden, begibt sich die Erdkröte Jahr für Jahr auf den Weg zu ihrem Laichgewässer. Wenn es die Temperaturen zulassen, beginnt ihre Wanderung bereits zwischen Januar und Februar. Auch bei Temperaturen von unter 4 Grad Celsius, bei denen sich andere Amphibien noch in der Winterstarre befinden, ist sie unterwegs. Dadurch gehört sie zu den ersten Amphibien, die am Gewässer ankommen. Und das, obwohl sie bis dorthin bisweilen weite Wanderungen unternehmen muss. Sogar Strecken von über 3000 Metern wurden schon dokumentiert. Die Männchen haben einen Vorsprung, denn sie wandern bis zu 20 Tage vor den Weibchen und passen sie vor dem Gewässer ab. In dieser Zeit kommt es auf Straßen und Wegen oft zu Ansammlungen von Männchen, die aufgerichtet sitzend nach einer Partnerin Ausschau halten. Das lange Warten lohnt sich, denn auf ein Weibchen kommen bis zu zehn Männchen. Das Glück ist mit denen, die bereits in Begleitung einer Krötendame am Paarungsplatz erscheinen.

Das Ungleichgewicht führt vor allem auf dem Höhepunkt der Paarungszeit zu einem eigentümlichen Verhalten der Männchen: Sie umklammern alles, was sich bewegt und halbwegs die passende Größe hat. Das können im Wasser treibende Hölzer und tote oder lebende Fische ebenso sein wie die Finger von Menschen, die den Kröten über die Straße helfen. Auch männliche Artgenossen werden umklammert. Das führt zu lautstarken Beschwerden: Mit hellen, heiseren Abwehrrufen machen sich die Männchen als solche erkennbar. Das »ük ... ük« sorgt dafür, dass der Irrtum auffällt und die Umklammerung gelöst wird. Befinden sich viele Männchen in der Nähe von einem Gewässer oder an einem »Krötenzaun«, ist nachts ein leises Rufkonzert zu hören.

Hat sich schließlich ein paarungsbereites Paar gefunden, legt es den Weg zum Laichgewässer als Doppelpack zurück. Das Männchen erklimmt den Rücken des größeren Weibchens und umklammert es. Nicht nur seine Arme helfen ihm durch die ausgeprägte Muskulatur dabei. Auch die Brunftschwielen

Bild links: Ihr Fortpflanzungsgewässer teilen sich die Erdkröten mit anderen Arten und so sieht man sie manchmal auf den Laichballen der Grasfrösche treiben.

an den Händen sind dabei eine Hilfe: Wer ein Erdkrötenmännchen während der Paarungszeit aus der Nähe beobachtet, kann die dunklen Schwielen erkennen. Sie befinden sich an der Innenseite der inneren drei Finger. Durch die raue Oberfläche ermöglichen sie einen besseren Halt während der mitunter tagelang andauernden Umarmung. Neben Kröten verfügen auch Frösche und Unken über Brunftschwielen.

Im Gewässer angekommen, gibt das Weibchen bis zu 6000 schwarze Eier ab. In Form von bis zu fünf Meter langen Laichschnüren sind die Eier in zwei Reihen angeordnet, umgeben von einer schützenden Gallerthülle. Während das Weibchen die Schnüre ins Wasser entlässt, übernimmt das auf seinem Rücken sitzende Männchen die Befruchtung. Der Platz ist bestens geeignet, denn die Samen müssen schnell zu den Eiern gelangen, bevor die Gallertschicht durch das Wasser aufquillt.

Im Gegensatz zu zahlreichen anderen Kröten- und Froscharten ertönt am Laichgewässer der Erdkröte kein lautstarkes Konzert. Die leisen Paarungsrufe der Männchen sind nur selten zu hören. Doch auch ohne das schnarrende »öök ... öök« finden sich die Paare, weil die Erdkröten Zeit und Ort für ihr alljährliches Zusammentreffen »vereinbaren«: Als sogenannte Massen- oder Explosivlaicher begeben sie sich wortwörtlich massenhaft gemeinsam auf die Wanderung. Untersuchungen zufolge haben 80 bis über 95 Prozent der Erdkröten dabei ihr Geburtsgewässer als Ziel.

Bilder rechts: Die Entwicklung der Kaulquappen ist stark temperaturabhängig. Zwei bis vier Monate vergehen, bis aus dem Ei eine winzige Erdkröte geworden ist.

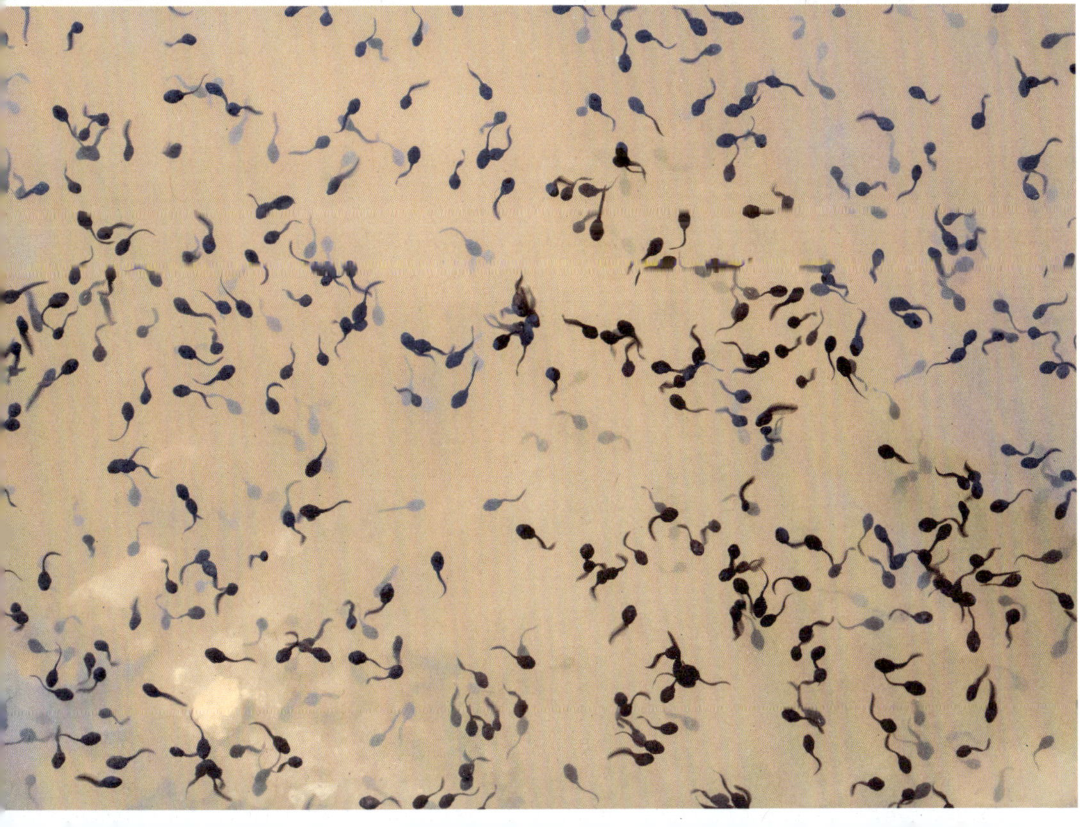

Die Kreuzkröte

Epidalea calamita

Wenn ich nachts an dem Amphibienzaun in meiner Heimatstadt unterwegs bin, kreuzen wunderliche Wesen meinen Weg. Sobald der Lichtkegel meiner Taschenlampe auf eines von ihnen fällt, rennt es flink von dannen. Sein Gang lässt an eine Maus denken, doch tatsächlich handelt es sich um eine Kröte: die Kreuzkröte. Ihre kurzen Beine sind zum Springen nicht geeignet, dafür aber zum Rennen.

Den Grund für ihren Namen finden wir mit einem Blick auf ihren Rücken – oder ihr »Kreuz«. Dort befindet sich ein heller, gelblich bis bräunlich gefärbter Streifen. In den meisten Fällen ist er deutlich erkennbar und macht die Kreuzkröte dadurch unverwechselbar.

Ursprünglich befand sich der Lebensraum der Kreuzkröte hierzulande in Flussauen. Früher schlängelten sich die Flüsse durch die Lande, ohne vom Menschen in enge Korsette gezwängt oder in gerade Bahnen gelenkt zu werden. Dadurch entstand eine Landschaft, die von Veränderungen geprägt war. Die Kraft des Wassers ließ den Fluss über seine Ufer treten und neue Gewässer entstehen. Diese kleinen Auentümpel dienten – geschützt vor der reißenden Strömung und hungrigen Fischen – als Kinderstube für Amphibien. Gleichzeitig änderte der Fluss ständig sein Gesicht, an einer Stelle riss er Erde mit sich und schwemmte sie an anderer Stelle an. Dieses Zusammenspiel aus Erosion und Sedimentation bildete die Lebensgrundlage für Amphibien wie die Kreuzkröte.

Eingedeicht, begradigt und befestigt, ist dieser Lebensraum selten geworden – genauso wie die Kreuzkröte. Heute lebt sie zum Beispiel in Steinbrüchen, Sand- und Kiesgruben sowie auf Truppenübungsplätzen. Die Kröte lässt sich dort nieder, wo wir Amphibien am wenigsten erwarten würden: an sonnigen, kargen und kaum mit Pflanzen bewachsenen Plätzen. Schutz vor Hitze und Kälte bieten ihr sandige Böden zum Vergraben oder Haufen aus grobem Gestein zum Verstecken.

Wo Menschen tiefe Wunden in die Erde graben, hat die Kreuzkröte zwar einen neuen Lebensraum gefunden. Doch einen Ersatz für die natürliche Erosion bieten wir ihr dadurch nicht. Denn wenn die Erde ihrer Rohstoffe beraubt wurde, verschwinden die Menschen und die Natur erobert das

Die Kreuzkröte liebt sandige, steinige Böden. Heute siedelt sie sich oftmals in Steinbrüchen an.

Gebiet zurück. Pflanzen wachsen empor, verhindern mit ihren Wurzeln das Vergraben im Boden und werfen mit ihren Ästen Schatten auf die kleinen Gewässer. Nach und nach entsteht die Grundlage für neues Leben, doch nicht für das der Kreuzkröte.

Noch dazu ist das Leben zwischen den schweren Maschinen gefährlich für die kleine Kreuzkröte. Jederzeit kann sie im wahrsten Sinne des Wortes unter die Räder geraten. Das gilt sowohl für sie selbst als auch für ihre Nachkommen, die in kleinen Gruben und Fahrspuren heranwachsen.

Glücklicherweise ist die Kreuzkröte in der Wahl ihres Laichgewässers flexibel. Häufig wählt sie kleine Gewässer, die im Sommer austrocknen. Die flachen Gewässer können sich stark erwärmen. Das ermöglicht die rasche Entwicklung der Krötensprösslinge. Bereits nach vier bis sechs Tagen können aus den Eiern die kleinen Larven schlüpfen. In ihrer Kinderstube kann die Wassertemperatur zeitweise auf bis zu 43 Grad Celsius steigen. Für andere Amphibien kann das tödlich sein, doch die Kreuzkrötenlarven suchen ge-

Bild rechts: Dem hellen Streifen auf dem Rücken verdankt die Kreuzkröte ihren Namen.

zielt die flachen, warmen Gewässerbereiche auf. Dadurch entwickeln sie sich innerhalb weniger Wochen – schon nach 17 bis 19 Tagen können die ersten kleinen Kreuzkröten das Land erobern.

Die rasante Entwicklung schützt den verletzlichen Kreuzkrötennachwuchs: Weil er nur eine kurze Zeit ans Gewässer gebunden ist, läuft er weniger Gefahr, auszutrocknen oder gefressen zu werden. Dennoch überlebt von den bis zu 4000 Eiern nur ein Bruchteil. Untersuchungen haben gezeigt, dass von den geschlüpften Larven 89 bis 91 Prozent sterben, bevor sie den Schritt ans Land machen. Wie viele von ihnen letztlich heranwachsen, ist allerdings von Ort zu Ort und von Jahr zu Jahr unterschiedlich und hängt von zahlreichen Faktoren ab.

Ohne ihre Fähigkeit, neue Lebensräume zu besiedeln, hätte die Kreuzkröte vielerorts sicherlich nicht überlebt. Zu Recht wird sie deshalb als Pionierart bezeichnet. Bei der Besiedelung hilft ihr der lautstarke Gesang. Dank ihrer an der Kehle sitzenden Schallblase trägt das rätschende »ärr ... ärr ... ärr« über 1000 Meter weit. Damit zählt sie zu den lautesten Rufern unter den Amphibien und kann über weite Entfernungen hinweg Artgenossen zu einem neuen Laichgewässer locken.

Die Geburtshelferkröte

Alytes obstetricans

Die Geburtshelferkröte gehört in vielerlei Hinsicht zu den ungewöhnlichsten Angehörigen der heimischen Amphibienwelt. Unscheinbar wirkt sie, gehüllt in ein dezentes grau-braunes Gewand. Sitzt sie zwischen Steinen, ist die kleine Kröte dadurch fast unsichtbar. Bei Gefahr verschwindet sie mit einer Körperlänge von nur bis zu 5,5 Zentimetern unbemerkt in den kleinsten Verstecken. Doch hinter der schlichten Erscheinung verbirgt sich eine der faszinierendsten Geschichten, die unsere Amphibien zu erzählen haben.

Im Schatten der pompösen Konzerte, die in Frosch- und Krötenteichen aufgeführt werden, ertönt spät am Abend ein zartes Geräusch. Wie eine kleine Glocke klingt es zwischen den Felsbrocken hervor. Ich stehe bereits seit einer geschlagenen Stunde hier im Dunkeln. Wenn ich nicht den festen Glauben hätte, dass ich den kleinen Sängern schnurzpiepegal bin, wäre ich mittlerweile davon überzeugt, dass sie sich über mich lustig machen. Im einen Moment erklingt es aus der einen Richtung, im anderen aus der anderen. Auszumachen, woher es kommt, ist schier unmöglich. Doch endlich ist es so weit: Der Erste von ihnen verlässt sein Versteck.

Es handelt sich um ein Geburtshelferkrötenweibchen, das in der warmen Aprilnacht nach einem Partner sucht. Es hat den Ruf eines Männchens vernommen – nicht weit entfernt von der Felsspalte, in der es den Tag verbracht hat. Der Ruf war leise, gerade laut genug, um das wenige Meter entfernte Weibchen zu erreichen. Aufgrund des glockengleichen Rufes trägt die kleine Kröte auch die Namen »Glockenfrosch« oder »Glögglifrosch«. Als einzige heimische Amphibienart gibt nicht nur das Männchen, sondern auch das Weibchen Paarungsrufe ab.

Während sich das Weibchen allmählich annähert, erklingt erstmals seine Stimme. Sie ist noch leiser als die des Männchens. Beim Männchen ankommen, wird das Weibchen von ihm umklammert und das Paarungsspiel beginnt. Dafür nehmen sich die beiden 15 bis 45 Minuten Zeit. Möglicherweise dient das aufwendige Vorspiel dazu, die Vaterqualitäten auf die Probe zu stellen. Denn nicht nur für die Paarung braucht es Ausdauer, sondern auch für die darauffolgende Vaterschaft.

Die Eier der Geburtshelferkröten sind direkt nach der Befruchtung gelblich, später dunkelbraun gefärbt.

Nachdem das Männchen unermüdlich die Kloake des Weibchens mit seinen Füßen bestrichen hat und die Partner wippende Bewegungen vollführt haben, verstummt das Weibchen schließlich. Es beginnt mit seitlichen Schaukelbewegungen, drückt den Rücken durch und gibt nach Presswehen die Eier ab. Das Männchen formt mit seinen Hinterbeinen ein Körbchen, fängt die Eier auf und befruchtet sie mit seinen Spermien. Der Name der Kröte geht auf den Irrglauben zurück, dass das Männchen Geburtshilfe leiste, indem es die Eier aus der Kloake seiner Partnerin ziehe. Doch was auf den 15 bis 25 Minuten dauernden Vorgang folgt, zeigt, dass die Geburtshelferkröte ihrem Namen dennoch gerecht wird: Das Männchen beginnt damit, sich die durch eine dünne Laichschnur miteinander verbundenen Eier um seine Hinterbeine zu wickeln. Auf diese Eigentümlichkeit nimmt nicht nur der wissenschaftliche Gattungsname »Alytes« – vom griechischen Wort »Alytos« | »gefesselt« stammend – Bezug, sondern auch der volkstümliche Name »Fesslerkröte«.

Während andere Krötenarten ihre Eier im Wasser sich selbst überlassen, übernimmt bei der Geburtshelferkröte das Männchen die Brutpflege. In den kommenden Wochen wird es seinen Nachwuchs mit sich herumtragen wie ein Wanderer seinen Rucksack. Vermutlich nimmt er währenddessen die Eier von ein oder zwei weiteren Weibchen auf. Dadurch kommen in seltenen Fällen über 140 Eier zusammen. Eine beeindruckende Last für die kleine Kröte: Bereits 50 Eier erreichen ein Gewicht von etwa 3,75 Gramm und

Bild rechts: Metamorphling der Geburtshelferkröte mit noch nicht zurückgebildetem Schwanz.

damit die Hälfte des Körpergewichts der Kröte. Damit es den Nachkommen an nichts fehlt, zieht sich ihr Vater in ein Versteck zurück. Gerne wählt er dafür Hohlräume in von der Sonne beschienenen Erd- und Steinhaufen aus. Die Feuchtigkeit in den kleinen Höhlen sorgt dafür, dass die Eier nicht austrocknen, und die Wärme dafür, dass sie sich schnell entwickeln.

Im Laufe der Entwicklung werden die Eier dunkler. Dadurch lässt sich erkennen, wenn ein Männchen Eier von mehreren Weibchen aufgenommen hat – vorausgesetzt, dazwischen lagen längere Pausen. Bereits nach etwa einer Woche verfügen die Embryonen über Kiemen und das Herz macht seinen ersten Schlag. Kurz darauf sind auch die Augen durch die dünne Hülle hindurch als dunkle Punkte erkennbar.

Bis die Larven aus der Eihülle schlüpfen, vergehen nur drei bis sechs Wochen. Möglicherweise erkennt das Männchen an den zappelnden Bewegungen, wenn es so weit ist. Dann begibt es sich auf den Weg zum Gewässer, das häufig in der Nähe des Versteckes liegt. Nach dem Schlupf sind die Larven auf sich allein gestellt. Doch durch die elterliche Fürsorge können ihnen Feinde und Trockenheit weniger gefährlich werden, denn ihren ersten Lebensabschnitt als hilflose Eier haben sie geschützt an der väterlichen Seite verbracht.

Die Knoblauchkröte *Pelobates fuscus*

Die Knoblauchkröte ist vielleicht die unbekannteste Angehörige unserer heimischen Amphibienwelt. Das liegt sowohl an ihrer Verbreitung, die in Deutschland und insbesondere in Österreich große Lücken aufweist, als auch an ihrer versteckten Lebensweise. Zu Recht wird die Kröte als »Maulwurf unter den Amphibien« bezeichnet. Mit Ausnahme der Paarungszeit ist sie in der Nacht unterwegs und verbringt den Tag bis zu 20 Zentimeter – im Winter sogar bis zu 60 Zentimeter – tief im Boden vergraben. Und auch zur Zeit der Partnersuche behält sie diesen Lebensstil bei. Zwar sind die Paarungsrufe der Männchen sowohl tags als auch nachts zu hören, allerdings befinden sie sich dabei verborgen am Grund des Gewässers. Vor allem von April bis Mai erklingen sie als leises »wock ... wock ... wock« aus dem Laichgewässer heraus.

Zur Paarung umklammert die männliche Knoblauchkröte die weibliche. Anders als zum Beispiel Erdkröte und Kreuzkröte hält sich das Männchen nicht hinter den Armen seiner Partnerin fest (axillarer Amplexus), sondern vor ihren Beinen (inguinaler Amplexus). Während das Weibchen die Eier abgibt, biegt es seinen Körper, sodass sich ihre Kloaken berühren. So kann das Männchen die austretenden Eier unmittelbar mit seinen Samen befruchten.

Die Eier sind als meist 40 bis 70, selten bis zu 100 Zentimeter lange Laichschnur miteinander verbunden. Diese Schnur befestigt die Kröte geschickt an den Stängeln von Wasserpflanzen, wie Schilf oder Rohrkolben. Dafür klettert das Weibchen um sie herum und knüpft dabei die Laichschnur daran.

Nach ein bis zwei Wochen schlüpfen aus den Eiern die kleinen Larven. Für gewöhnlich erreichen sie im Laufe ihrer Entwicklung eine Länge von acht bis zwölf Zentimetern. Doch es wurden auch schon »Riesenkaulquappen« mit einer Gesamtlänge von bis zu 22 Zentimetern beobachtet! Damit haben sie etwa die dreifache Größe des umgewandelten Tieres. Bei diesem Phänomen spielt häufig eine hormonelle Störung eine Rolle, die dazu führt, dass die Verwandlung zur landbewohnenden Kröte nicht oder nur mit Verzögerung stattfindet. In der Regel ist diese Metamorphose aber nach zwei bis fünf Monaten abgeschlossen.

Zu diesem Zeitpunkt haben die Eltern längst das Gewässer verlassen und leben tagsüber »unter Tage«. Dabei hilft ihnen ein Grabwerkzeug an ihren

Füßen: Auf den ersten Blick ist es lediglich ein gewölbter Höcker auf der Unterseite der Hinterfüße, nur wenig mehr als einen halben Zentimeter lang. Doch dieser verhornte, scharfrandige Fersenhöcker kann der Knoblauchkröte das Leben retten. Denn er hilft ihr dabei, sich rückwärts in den Boden einzugraben – und das in einer Spitzenzeit von weniger als einer Minute. Das ermöglicht ihr das rasche Flüchten vor Fressfeinden. Eine Voraussetzung für ein solches rekordverdächtiges Tempo ist die Beschaffenheit des Bodens. Im Idealfall ist er locker und sandig. Das vereinfacht der Knoblauchkröte nicht nur das Eingraben durch seitliche Schaufelbewegungen der Hinterbeine. Ein hoher Sandanteil erleichtert ihr auch die Aufnahme von Feuchtigkeit. Dadurch wird zum einen die Austrocknung verhindert und zum anderen die Atmung über die Haut ermöglicht.

Nicht nur für die Flucht in den Boden, auch für den Kampf mit Feinden ist die Knoblauchkröte gewappnet. Dabei zeigt sie ein bemerkenswertes Verhalten, das vom Aufblähen und Aufrichten des Körpers über Schreie und Stöße mit dem Kopf Richtung Feind bis hin zu Bissen reicht. Eine solche offensive Verhaltensweise findet sich weltweit nur bei wenigen Froschlurchen. Noch dazu sondert die Knoblauchkröte bei Gefahr ein nach Knoblauch riechendes Exkret ab.

Im Osten ist die Knoblauchkröte bis nach Westsibirien und in den Nordwesten Kasachstans verbreitet. Dort besiedelt sie Steppen und Waldsteppen. Hierzulande, wo ihr natürliches Verbreitungsgebiet die westliche Grenze erreicht, bewohnte sie ursprünglich Flussauen, in denen sie angeschwemmten Sandboden fand, sowie Dünen an Küsten und im Landesinneren. Heute hat sie sich zu einer Bewohnerin unserer Kultursteppe entwickelt: Sand- und Kiesgruben, zurückgelassene Tagebaue, Industriebrachen und Heidelandschaften gehören ebenso zu ihren Lebensräumen wie Kartoffel-, Spargel- und Maisfelder. Deshalb trägt die Knoblauchkröte auch den passenden Namen »Kartoffelkröte«.

Bei der Besiedlung von Feldern und Äckern macht der Knoblauchkröte die immense Intensivierung der Landwirtschaft zu schaffen. Die im Boden vergrabene Kröte kann dem Einsatz von Maschinen ebenso zum Opfer fallen wie den eingesetzten Pestizid- und Düngemitteln. Diese wirken sich noch dazu auf die Gesundheit der Gewässer aus. Denn der Nährstoff- und Schadstoffeintrag aus der Landwirtschaft führt zu vielfältigen Schäden bei Amphibien in den unterschiedlichen Lebensphasen.

Bilder links: Sielmanns Naturlandschaft Wanninchen ist von der jahrzehntelangen Braunkohleförderung geprägt. Noch über 30 Jahre nach dem Ende des Abbaus sind die Narben in der Lausitzer Landschaft deutlich sichtbar. Regelmäßig ereignen sich Erdrutsche und an vielen Stellen gräbt der Regen tiefe Furchen in den Boden. Für Arten wie die Knoblauchkröte sind die vegetationsarmen, sandigen Flächen ein wertvoller Rückzugsraum. Diesen Schatz konnte die Heinz Sielmann Stiftung durch die Unterschutzstellung bewahren.

Die Wechselkröte *Bufotes viridis*

Die Wechselkröte hüllt sich in ein Tarnmuster. Große grüne Flecken befinden sich auf ihrem hellen Körper und machen sie unverwechselbar. Während die Flecken bei den Männchen hellgrün und verwaschen sind, trägt das Weibchen ein kräftigeres und kontrastreicheres Muster. Durch ihre Färbung verschmilzt die Wechselkröte mit dem Untergrund und schützt sich dadurch vor hungrigen Blicken.

Und das Tarnkleid birgt noch eine weitere Besonderheit: Abhängig von verschiedenen Faktoren wie dem Licht ändert die Wechselkröte ihre Farbe. Innerhalb kürzester Zeit kann sie heller oder dunkler werden und macht ihrem Namen damit alle Ehre.

Wie die Kreuzkröte bewohnt auch die Wechselkröte hierzulande häufig die vegetationsarme Landschaft, die wir Menschen durch den Abbau von Stein, Sand und anderen Rohstoffen entstehen lassen. Die Wechselkröte kann sich an extremste Umgebungen anpassen und zählt zweifelsfrei zu den widerstandsfähigsten unserer Amphibienarten. Untersuchungen haben gezeigt, dass junge Wechselkröten die Extreme sogar suchen. Dafür wurden in ihrem Lebensraum Verstecke aus unterschiedlichen Materialien angeboten. Die Kontrollen zeigten, dass die Verstecke, die sich tagsüber am stärksten erwärmten, am zahlreichsten aufgesucht wurden. Bei jenen aus Gummi kletterte die Temperatur sogar auf bis zu 54,7 Grad Celsius, ohne dass es der Beliebtheit einen Abbruch tat – im Gegenteil. Der Vorteil für die jungen Kröten liegt offenbar darin, dass die Wärme ihnen ein schnelleres Wachstum ermöglicht.

Doch nicht nur gegenüber Trockenheit und Hitze behauptet sich die Wechselkröte, auch bei einem hohen Salzgehalt des Wassers besteht sie. Dadurch kann sie auch die Küsten und Inseln der Ostsee besiedeln. Und auch in den lebensfeindlichen Gewässern in Braunkohletagebaugebieten siedelt sie sich an. Dort konnte ihr Nachwuchs trotz eines Salzgehaltes von bis zu 12 Prozent erfolgreich heranwachsen. Zum Vergleich: Das Wasser der Nordsee hat einen Salzgehalt von etwa 3,5 Prozent, das der Ostsee sogar nur von 0,3 bis 3 Prozent!

Die Wechselkröte hat sich wie andere Amphibienarten auf die Vergänglichkeit ihrer Gewässer eingestellt. Wenn im Sommer die Sonne das Wasser erwärmt und der Regen auf sich warten lässt, können sie leicht trockenfallen. Über 10 000 Eier kann ein Weibchen deshalb im Jahr legen und damit die Verluste aus einem anderen Jahr ausgleichen.

Doch auf die plötzlichen Umbrüche in der vom Menschen geschaffenen Landschaft ist die Wechselkröte nicht vorbereitet. Oft werden ihre Gewässer verfüllt, wenn die Rohstoffe in einem Abbaugebiet ausgebeutet wurden und der Abbau in einem anderen – für die kleine Kröte unerreichbaren – Gebiet beginnt.

Dort, wo Rücksicht auf die Wechselkröte genommen wird und ihre Gewässer geschützt werden, findet sie einen Ort, an dem sie sich zahlreich vermehren kann. Dann ertönen im Frühling die trillernden Rufe der Männchen. Durch die großen Kehlblasen sind sie weithin hörbar.

Die zahlreichen Eier, die nach der Paarung zu Laichschnüren verbunden im Wasser schwimmen, zeigen den Erfolg. Wie es für Echte Kröten, zu denen auch die Kreuzkröte und die Erdkröte gehören, üblich ist, sind die Eier in zwei Reihen angeordnet. Während sie bei der Erdkröte schwarz und bei der Kreuzkröte gefleckt sind, haben sie bei der Wechselkröte eine braune Färbung. Aus den Eiern schlüpfen bereits nach drei bis sechs Tagen die Larven. Im Gegensatz zu den Erdkrötenlarven sind sie Einzelgänger. Sie verteilen sich am Gewässerboden und bilden dort bisweilen Mulden um sich herum – als hätten sie sich kleine Kinderzimmer errichtet.

Nachdem sich die Larven verwandelt und das Land betreten haben, kehren sie womöglich nie wieder zu ihrem Geburtsgewässer zurück. Denn als Pioniere erkunden sie die Umgebung und wenden sich gerne neuen Gewässern zu.

Um ihre Verbreitung zu fördern und die Isolierung einzelner Populationen zu durchbrechen, müssen wir Menschen unsere Infrastruktur so gestalten, dass sie keine Barriere für Amphibien und andere Tiere darstellt. Um einen Verbund aus Lebensräumen für die Wechselkröte zu schaffen, sollten zwischen den einzelnen Habitaten nicht mehr als zwei Kilometer liegen. Diese Distanz kann die Wechselkröte ohne Probleme überwinden.

Bild rechts oben: Die Paarungszeiten von Wechselkröte und Kreuzkröte überschneiden sich und so kommt es im Frühling dazu, dass Angehörige der beiden Arten fälschlicherweise zusammenkommen.

Die Gelbbauchunke

Bombina variegata

Die Gelbbauchunke vereint zwei Gegensätze: Tarnung und Warnung. Während die Oberseite ihres Körpers durch unscheinbare Erdfarben mit der Umgebung verschmilzt, leuchtet die Unterseite in einem gelb-schwarzen Fleckenmuster. Das Muster ist wie ein Fingerabdruck, an dem sich eine Gelbbauchunke noch nach Jahren wiedererkennen lässt. So ist es möglich, das bis über 15 Jahre dauernde Leben einer Unke zu begleiten. Doch nur im Notfall zeigt sie es: Fühlt sich die Unke bedroht, verbiegt sie sich und nimmt die sogenannte Kahnstellung ein. Indem sie den hinteren und vorderen Teil ihres Körpers nach oben und die Unterseite ihrer Arme und Beine nach außen biegt, wird die gelbe Warnfarbe sichtbar. Sie sagt damit: »Achtung, ich bin giftig!«

Hält ein Fressfeind das für eine leere Drohung, wird er schnell eines Besseren belehrt. Denn die Gelbbauchunke produziert bei Bedrohung ein starkes Hautgift. Es lässt die Schleimhäute brennen, die Verdauungs- und Atemorgane ziehen sich zusammen und es kann schlimmstenfalls die Zellen schädigen. Spätestens in diesem Moment besinnt sich der Angreifer und spuckt die Unke aus. Nur wenige Tiere – wie Schwarzstörche, Waschbären oder Ringelnattern – können einer erwachsenen Unke gefährlich werden.

Doch einer Auseinandersetzung mit einem Angreifer geht die Gelbbauchunke aus dem Weg. Wenn sie trotz ihrer Tarnung aufgefallen ist, tritt sie nach Möglichkeit den Rückzug an. Durch einen beherzten Sprung rettet sie sich ins schützende Gewässer, taucht unter oder verschwindet im Boden.

Einen Einblick in das Leben der Gelbbauchunke können wir auch ohne Taschenlampe bekommen. Denn sie gehört zu den wenigen Angehörigen unserer heimischen Amphibienwelt, die auch tagsüber an Land und im Wasser unterwegs sind. Sogar an warmen Sommertagen konnte ich die nur vier bis fünf Zentimeter kleine Unke bereits beobachten. Während mir die brütende Hitze zu schaffen machte, machte sie keine Anstalten, aus der Sonne in den kühlenden Schatten zu flüchten. Offenbar ist die Haut der Gelbbauchunke Schutz genug. Als Anpassung an das Leben auf dem Trockenen ist sie dick und verfügt über zahlreiche Drüsen. Darüber sondert sie neben dem giftigen Sekret zum Schutz vor Feinden auch eine vor der Austrocknung schützende Substanz ab.

Die Gelbbauchunke ruht gerne in der Sonne – sowohl am Ufer als auch im Wasser.

Nicht nur an Land, auch im Wasser mag es die Gelbbauchunke warm. Deswegen sucht sie als Kinderstube kleine, von der Sonne beschienene Gewässer aus. Dabei ist sie für ihren ungewöhnlichen Geschmack bekannt: Sogar in vom Regen gefüllte Fahrspuren legt sie ihre Eier. Die Sonnenstrahlen erwärmen das wenige Zentimeter tiefe Wasser und beschleunigen dadurch die Entwicklung der heranwachsenden Unkengeneration. Bei einer Wassertemperatur von 18 bis 27 Grad Celsius dauert es nur einen bis eineinhalb Monate, bis sie das Land erobert. Doch der Preis dafür ist hoch: Die Kinderstube droht jederzeit auszutrocknen. Zwar sind die Larven robust und können noch mit Wasser »wiederbelebt« werden, wenn sie bereits auf dem ausgetrockneten Grund von einer Lehmkruste überzogen sind. Doch ohne die Hilfe eines fürsorglichen Menschen oder eines rettenden Regenschauers ist das Schicksal der kleinen Lebewesen besiegelt. Dazu kommt die Gefahr durch Fahrzeuge, die sich ihren Weg durch den Lebensraum der Unkenkinder bahnen und das kostbare Wasser samt seiner kleinen Bewohner aus der Pfütze spritzen lassen.

Ein Lebensraum voller Gefahren, den die Unkeneltern ausgesucht haben. Doch er bietet auch Sicherheit, denn das Wasser wurde noch nicht von Feinden besiedelt. Dadurch sind die Gelbbauchunken in ihrer kurzen Kindheit weniger in Gefahr, gefressen zu werden – zumindest was im Wasser lebende Fressfeinde angeht.

Die Unkenmutter scheint das Risiko zu kennen, das die kleinen Gewässer bergen. Im Laufe des Jahres – etwa von April bis August – verteilt sie ihre durchschnittlich 75 bis 85 Eier auf mehrere Gewässer. Dazu gehören neben Fahrspuren auch natürliche Gewässer wie Wildschweinsuhlen, Wurzelteller und Auentümpel. Eine Vielzahl vielfältiger Gewässer vergrößert die Chance, dass zumindest ein Teil der kleinen Unken erwachsen wird.

Diese Vielfalt ist heute selten geworden. Fluss- und Bachauen wurden trockengelegt, Forst- und Feldwege betoniert, Waldböden eingeebnet und mit ihnen die kleinen Tümpel beseitigt. Dadurch ist die Gelbbauchunke vielerorts abhängig geworden von uns Menschen und den Spuren, die wir hinterlassen. Das hat dazu geführt, dass sie innerhalb der Roten Liste in Deutschland und der Schweiz als stark gefährdet und in Österreich als gefährdet gilt. Dabei wiegt unsere Verantwortung hierzulande besonders schwer: Deutschland beherbergt etwa ein Drittel der weltweit lebenden Angehörigen der Unterart (Bombina variegata variegata), die ihre Heimat neben Mitteleuropa auch in Süd- und Osteuropa hat. Deswegen wird sie als »Art nationaler Verantwortlichkeit« eingestuft.

Damit sich die kleine Unke auch in Zukunft in den Pfützen tummelt, brauchen sie und ihr Lebensraum unseren Schutz. Die Gelbbauchunke dankt es uns: Wer ihr tief in die Augen blickt, bekommt das Herz zu sehen, das ihre Pupille formt.

Die Rotbauchunke

Bombina bombina

Die Rotbauchunke und die Gelbbauchunke sind Geschwister, die auf den ersten Blick wie Zwillinge wirken, auf den zweiten aber grundverschieden sind. Während die Rotbauchunke den Norden und Osten Deutschlands besiedelt, beansprucht die Gelbbauchunke den Süden und Westen für sich. Doch nicht nur die Himmelsrichtungen haben sie unter sich aufgeteilt, auch in den Höhenlagen unterscheidet sich ihre Verbreitung. Im Gegensatz zur Rotbauchunke, die sich vor allem unterhalb von 300 Metern über dem Meeresspiegel niederlässt, klettert ihre Verwandte auch hoch empor – zu den höchsten Funden gehört ein Vorkommen in der Schweiz auf 1935 Metern! Passenderweise werden die beiden Arten auch als »Tieflandunke« und »Gebirgsunke« bezeichnet.

Neben dem Ort der Begegnung lassen sich die Unken noch anders – mithilfe der Augen und Ohren – unterscheiden. Wie die Gelbbauchunke trägt auch die Rotbauchunke ein leuchtendes Warnmuster auf der Unterseite ihres Körpers. Getreu ihrem Namen ist es rot-schwarz anstatt gelb-schwarz gefärbt. Die rote Färbung umfasst allerdings eine bunte Mischung an Farbtönen, von einem hellen Orange bis zu einem dunklen Rot. »Feuerrot« dachten sich unsere Vorfahren und nannten die Rotbauchunke lange Zeit »Feuerkröte«. Und auch die unterseitige schwarze Färbung unterscheidet sich bei den beiden Unkenarten. Bei der Rotbauchunke nimmt sie zum einen mehr Platz ein, über die Hälfte der Fläche, und ist zum anderen nicht einfarbig, sondern von zahlreichen weißen Punkten durchzogen, wie ein kleiner Sternenhimmel.

Die zierliche Gestalt der Rotbauchunk tut ihrer Stimme keinen Abbruch. Vor allem im Mai und Juni legt sich ihr Ruf wie eine Glocke über das Gewässer. Tagsüber und abends schallt es daraus unermüdlich »uuh ... uuh ... uuh«. Schon der Naturforscher Alfred Brehm berichtete im 19. Jahrhundert davon: »Er ist durchaus nicht unangenehm, kann jedoch durch seine Eintönigkeit ermüden. [...] Jede einzelne Unke ruft höchstens drei- oder viermal in der Minute und stößt immer nur genau denselben Laut aus; aber alle Männchen, die ihr Wohlbehagen ausdrücken wollen, schreien gleichzeitig, und so entsteht die ununterbrochene Musik, die man vernimmt.« (Alfred Brehm: Brehms Tierleben, 1997)

Seine Worte erinnern mich an meinen ersten Besuch bei der Rotbauchunke. An einem Gewässer im Biosphärenreservat Niedersächsische Elbtalaue verbrachte ich mehrere Tage damit, sie zu fotografieren. Noch als ich am Abend im Bett lag, schallte das »uuh ... uuh ... uhh« in meinen Ohren.

Während die Männchen mithilfe der Rufe ihr Revier markieren, liegen sie aufgeblasen, Arme und Beine vom Körper weggestreckt auf der Wasseroberfläche. Sie verfügen über zwei Kehlblasen, die mit Luft gefüllt zu einer riesigen Blase zu verschmelzen scheinen. Dieses Bild ähnelt zwar den Schallblasen von Kröten und Fröschen, doch der Weg zum Ruf ist ein vollkommen anderer:

Zunächst füllt das Unkenmännchen Kehlblasen und Mund mit Luft. Diese pumpt es dann durch die Stimmritzen im Kehlkopf bis in die Lunge. Dabei dient die Lunge als Resonanzkörper – sie wird durch den Luftstrom in Schwingung versetzt und erzeugt so den typischen Ton. Bei Kröten und Fröschen ist es andersherum, denn sie nutzen als Resonanzkörper die Schallblasen.

Die sprichwörtlichen Unkenrufe fanden vor Jahrhunderten Einzug in die Sprache unserer Vorfahren. Seit jeher stehen die als klagend beschriebenen

Mit Luft aufgeblasen, liegen die Unkenmännchen auf dem Wasser und stimmen ihr Lied an.

Rufe für skeptische, pessimistische Äußerungen zu einem Vorhaben. Das Sprichwort prägte das Bild von der kleinen Unke, doch glücklicherweise hat es sich mittlerweile gewandelt. Um es mit den Worten von Alfred Brehm zu sagen: »kein Mensch aber, der sich die Mühe gegeben hat, das niedliche und schön gefärbte Tierchen zu beobachten, wird dem Übelwollen, das sich an ihren Namen heftet, beipflichten.« (Alfred Brehm: Brehms Tierleben, 1997)

Heute haben sich zahlreiche Menschen den Schutz der Rotbauchunke zur Aufgabe gemacht. Den hat sie dringend nötig, denn wie ihre Verwandte, die Gelbbauchunke, ist sie in Deutschland stark gefährdet. Aber allen Unkenrufen zum Trotz erklingt im Frühling weiterhin ihre Musik. Damit sie nicht verstummt, müssen wir die Heimat der kleinen Unke schützen. Urtümliche Flussauen und -niederungen gehören genauso dazu wie Wiesenniederungen und die dichten Röhrichtufer langsam dahinfließender Gewässer.

Zum Dank widmet sich die Rotbauchunke weiterhin der Suche nach ihrer Leibspeise: Mückenlarven.

Bilder links: Das Zuhause der jungen Rotbauchunken ist großräumiger als das der Gelbbauchunken – neben überschwemmten Flussauen legt diese Unke ihre Eier auch im Flachwasserbereich von Seen ab.

Der Alpensalamander *Salamandra atra*

Der Alpensalamander ist der Bergsteiger unter den heimischen Amphibien. Bis hoch hinauf in die Gebirge, wo die Bäume bereits das Wachsen aufgegeben haben, kommt er vor. Während er in Deutschland in Höhen von etwa 760 bis 1900 Metern beheimatet ist, klettert er in der Schweiz bis auf 420 Meter hinab und in Österreich bis auf 2500 Meter hinauf.

Das Gebirge mag unwirtlich wirken. Doch der Alpensalamander hat sich an die karge Landschaft, an reißende Bäche und lange, kalte Winter angepasst. Kurzerhand setzt er die Regeln, nach denen die Welt der Amphibien hierzulande mehrheitlich funktioniert, außer Kraft. Als einziger ihrer Bewohner findet bei ihm die Metamorphose im Mutterleib statt. Beim Alpensalamander vollzieht sich damit der Gestaltwandel – die Entwicklung vom Ei zur Larve und schließlich zum am Land lebensfähigen Tier – vollständig vor der Geburt. Das macht den Salamander unabhängig vom Wasser, das im Gebirge kalt und kraftvoll ist, besonders wenn nach dem langen Winter der Schnee zu schmelzen beginnt. Diese Fähigkeit wird »Viviparie« genannt, »lebend gebärend«.

Bis der Tag der Geburt gekommen ist, vergeht eine lange Zeit. Deshalb gehen wir zurück zum Zeitpunkt, an dem alles begann:

Es ist ein warmer Junitag. Die Luft ist geladen. Nachdem es seit Wochen nicht geregnet hat, versprechen dunkle Wolken am Himmel Regen. Mit dem Beginn des Sommergewitters regt sich Leben im Boden des alten Laubwaldes. Ein lackschwarzes Tier, weniger als 15 Zentimeter lang, bahnt sich seinen Weg unter einem moosbewachsenen Baumstamm hervor. Dort hatte es ein vor der Trockenheit geschütztes Versteck gefunden, doch nun hat die Feuchtigkeit den Salamander hervorgelockt. Dicke Tropfen fallen auf seine glänzende Haut. Normalerweise ist der Alpensalamander nur nachts unterwegs, aber bei einem Sommerregen kann man dem kleinen Wanderer auch am Tag begegnen. Es ist ein Männchen, auf der Suche nach einem Weibchen.

Über Stock und Stein läuft das Salamandermännchen durch den Wald. Bis es endlich ein Weibchen gefunden hat. Mehrere Minuten lässt sie ihn hinter sich herlaufen, bevor er sie einholen kann. Nun klettert das etwas kleinere Männchen auf den Rücken seiner Partnerin und hält sich mit den Armen an ihrem Hals fest. Seine Kehle streicht behutsam über den Kopf der

Auserwählten. Etwa eine halbe Stunde dauert dieses Kennenlernen. Dann kriecht das Männchen unter den Körper des Weibchens und beginnt nun von unten, mit seinem Kopf dessen Kehle zu reiben. Sodann versucht es mit den Armen die des Weibchens zu umklammern. Gelingt ihm dieser akrobatische Akt, streicht es schließlich mit dem Ansatz seines Schwanzes über die Kloake der Partnerin. Hat sie sich bis dahin nicht von dannen gemacht, gibt das Männchen aus seiner Kloake einen Spermatophor – ein Samenpaket – ab. Nur wenige Millimeter groß, wird es vom Weibchen aufgenommen. Bis es so weit ist, ist mehr als eine Stunde vergangen.

Im Eileiter wandern die Samen zu den Eiern. Dort verbleiben sie nach der Befruchtung und beginnen die Entwicklung zur Larve. Von den zehn bis über 100 Eiern werden sich nur zwei entwickeln. Im Vergleich zu anderen Amphibienarten erscheint die Zahl zwar sehr gering. Doch tatsächlich hat dieser Weg einen entscheidenden Vorteil für den Alpensalamander: Denn er macht ihn unabhängig vom Wasser, das im Gebirge oft selten und zudem eiskalt und rasant dem Tal entgegen rauscht. Im Mutterleib können die Jungen geschützt die besonders gefährliche erste Lebenszeit überstehen.

Nachdem die Larven aus den Eihüllen geschlüpft sind, ernähren sie sich nicht nur von ihrem verbliebenen Eidotter, sondern auch von den unbefruchteten Geschwistereiern. Ein bis zwei Jahre kommen sie mit diesem Nahrungsvorrat aus. Danach säugt die Mutter sie sozusagen. In ihrer Gebärmutter wächst eine Nährzone heran, eine Gewebezone, die sich durch eine hohe Zellteilungsrate auszeichnet. Der dort wachsende »Zellrasen« wird von den Larven regelrecht abgeweidet.

Zwischen zwei und vier, vermutlich in hohen Lagen bis zu fünf Jahre dauert die Entwicklung im Mutterleib. Damit dürfte der Alpensalamander die längste Tragezeit unter den Wirbeltieren haben.

In einer Sommernacht ist das Ereignis endlich gekommen: Zwei kleine Salamander kommen zur Welt. Bis die vier bis fünf Zentimeter langen Jungsalamander die Größe ihrer Eltern erreicht haben, wird noch einige Zeit vergehen. Doch schon jetzt sind sie mit allem ausgestattet, was sie für ihr selbstständiges Leben im Gebirge benötigen.

Bilder rechts: Der Alpensalamander trägt auf seinem Körper symmetrisch angeordnete Erhebungen. Es handelt sich um Drüsen, die ihm Schutz bieten. Die daraus stammenden Sekrete bewahren seine Haut vor Erkrankungen und schrecken dank der enthaltenen Gifte Fressfeinde ab.

Der Feuersalamander *Salamandra salamandra*

Der Feuersalamander wurde im Jahr 1904 zum Markenzeichen eines deutschen Schuhherstellers und begeistert seit 1937 als »Lurchi«, mit Schuhen, Stock und Hut ausgestattet, Generationen von Kindern. Heute gehört der Feuersalamander zu den Sympathieträgern unter den Amphibien – ein spätes Happy End in der gemeinsamen Geschichte mit dem Menschen.

Jahrtausende lang stand er im Verdacht, mit Hexen im Bunde zu stehen, Brot und Brunnen zu vergiften, sogar ganze Völker zu vernichten. Tatsächlich war der Verdacht nicht völlig unbegründet: Bei Gefahr wehrt sich der Feuersalamander mit einer milchigen Flüssigkeit, die er über die Haut abgibt. Darin ist das giftige Samandarin enthalten, das auf das Zentralnervensystem wirkt und Atembeschwerden bis hin zu Herzrhythmusstörungen verursachen kann. Sein schwarz-gelbes Muster warnt: »Ich bin giftig!«

Darüber hinaus wurde dem Feuersalamander nachgesagt, er könne im Feuer leben und sogar die Flammen löschen. Ein Trost war das nicht für ihn, denn schlimmstenfalls wurde er zum Schutz von Haus und Hof kurzerhand in das Feuer geworfen. Die Wurzeln dieses Glaubens liegen vermutlich in der früheren Lebensweise der Menschen: Brachten sie das draußen gelagerte Feuerholz ins Haus und entfachten es im Ofen, könnte daraus gelegentlich ein schwarz-gelb gemustertes Wesen hervorgekrochen sein: der Feuersalamander. In der Dunkelheit des Holzstapels hatte er sich in Sicherheit gewähnt, bis seine Welt plötzlich in Flammen aufging. Für die Menschen musste es ausgesehen haben, als sei der Salamander aus dem Feuer geboren.

Doch seine Heimat liegt nicht im Feuer, sondern in alten Laub- und Laubmischwäldern. Naturnahe Wälder mit heimischen Baumarten stecken voller Lebenskraft und bieten dem Feuersalamander Schutz vor Schwankungen des Mikroklimas. Auch in trockenen Sommern ist es unter dem dichten Blätterdach angenehm kühl und feucht. Am Boden liegendes Totholz, weiche Moospolster und dicke Teppiche aus Laub dienen als Tagesverstecke. Bei nächtlichem Regen wandert der Feuersalamander dann durch den Wald. »Regenmännchen« wird er deswegen genannt.

In einer solchen Nacht ereignet sich die Paarung. Im Gegensatz zu anderen Amphibienarten kann sie in fast allen Jahreszeiten stattfinden – abgesehen vom Winter. Häufig paaren sich die Salamander im Sommer. Wie der Alpensalamander wählt der Feuersalamander dafür das Land und vollzieht dort ein ähnliches Paarungsspiel. Nachdem das Männchen den Samenträger mit dem obenauf sitzenden Samenpaket auf den Boden abgesetzt hat, nimmt das Weibchen ihn mit der Kloake auf. Die Spermien werden zunächst in einer Spermientasche, die an den Kloakenraum angrenzt, gelagert. Bis zu zwei Jahre bleiben sie dort befruchtungsfähig. Zwischen der Paarung und der Befruchtung der Eier kann somit eine lange Zeit liegen, in der zuweilen auch der Samen weiterer Partner aufgenommen wird.

Etwa drei Monate gehen vorüber, bis sich aus den befruchteten Eiern schließlich schlupfbereite Larven entwickelt haben. Auch wenn sie bereits im Herbst fertig entwickelt sind, setzt die Mutter sie häufig erst im Frühling ab. Dadurch kann der Nachwuchs den Winter in ihrem schützenden Körper verbringen. Dort sind sie nicht nur sicher vor der Kälte, sondern auch vor der Schneeschmelze im Frühjahr. Denn das Schmelzwasser verwandelt einen plätschernden Bach schnell in einen reißenden Strom, der die kleinen Larven leicht mit sich nehmen kann. Und in den unteren Bachabschnitten leben sie gefährlich, weil dort eine Vielzahl an Fischen mit ihren gefräßigen Mündern zu ihren Nachbarn gehört.

Für die Geburt wählt das Weibchen einen klaren, kalten und sauerstoffreichen Bach im Wald aus. In einer Frühlingsnacht wandert es zum Wasser und hält seinen Hinterleib hinein. Dabei vermeidet es die Salamanderfrau, zu tief hineinzugeraten, denn obwohl ihr Leben ebenfalls im Wasser begann, kann sie darin heute leicht ertrinken.

Kurz vor oder während des Geburtsvorgangs schlüpfen die Larven aus ihren Eihüllen. Sie sind bereits geschickte Schwimmer und tragen Kiemenbüschel, mit denen sie unter Wasser atmen können. Dass der Nachwuchs des Feuersalamanders nicht als Laich, sondern als Larven zur Welt kommt, wird als »Larviparie« bezeichnet. Innerhalb der heimischen Amphibienwelt ist das einmalig. Die Geburt der Larven dauert nur wenige Sekunden bis Minuten. Doch oft werden die Larven nicht in einer einzigen Nacht ins Wasser gelassen, sondern mit einem Abstand von mehreren Tagen. Insgesamt sind es nur etwa 30, selten bis zu 80 Geschwister – wenig im Gegensatz zu anderen Amphibienarten. Doch die lange Entwicklung im Körper der Mutter macht ihre Kindheit sicherer. Denn als Larven sind sie in der Lage, sich vor hungrigen Blicken zu verbergen. Im Wasser liegendes Totholz kann für sie die Rettung sein: Es verlangsamt nicht nur die Fließgeschwindigkeit des Baches und schützt sie davor, vom Wasser mitgerissen zu werden. Tote Äste und Stämme dienen auch als Versteck vor Feinden.

Bis die Larven die Gestalt ihrer Eltern angenommen haben, vergehen zwei bis vier Monate. Im Laufe der Zeit deutet sich bereits die schwarz-gelbe Färbung an. Schließlich setzt bei ihnen die Lungenatmung ein und ihre Kiemenbüschel verschwinden. Fünf bis sechs Zentimeter lang sind die jungen Salamander, wenn sie das erste Mal das Land betreten. Allmählich wechselt ihre Augenfarbe von Gold zu Schwarz und ihr individuelles Fleckenmuster, an dem sie ihr Leben lang zu erkennen sein werden, entwickelt sich.

Die Feuersalamanderlarve trägt gelbe Flecken an den Beinansätzen – diese auffällige Eigenart hilft, sie von den Molchlarven zu unterscheiden.

Der Salamanderfresser-Pilz

In den letzten Jahren hat der Bsal, treffend als Salamanderfresser-Pilz bezeichnet, für Aufsehen gesorgt. Bsal ist die Abkürzung für *Batrachochytrium salamandrivorans*, ein Pilz, der die Haut von Amphibien befällt. Bei uns sind davon vor allem Feuersalamander betroffen. Ein Befall verursacht bei ihnen Hautläsionen und endet in den allermeisten Fällen innerhalb kurzer Zeit mit dem Tod. Auf diese Weise haben die Bestände in mehreren Gebieten bereits dramatisch abgenommen. Auch Molche können vom Bsal befallen werden. Während auch beim Kammmolch bereits Vorkommen erloschen sind, scheint ein Bsal-Befall bei den anderen Molchen häufig nicht tödlich zu sein.

Im Jahr 2013 wurde der Pilz zum ersten Mal bei Tieren in Belgien beschrieben. Nach Massensterben in Belgien sowie in den Niederlanden wurde er 2015 erstmals auch in Deutschland nachgewiesen. Heute wissen wir durch die Untersuchung konservierter Feuersalamander, dass der Pilz bereits mindestens seit dem Jahr 2004 hierzulande vorkommt. Ursprünglich ist er offenbar durch den Tierhandel von Asien nach Europa gelangt. Was können wir tun?

Die Pilzsporen werden von wild lebenden Tieren und durch uns Menschen und unsere tierischen Begleiter verbreitet. Das Risiko wird kleiner, wenn wir im Wald und an Gewässern auf den Wegen bleiben sowie unsere Schuhe mit 70-prozentigem Alkohol desinfizieren.

Bild links: Waldbäche sind ein begehrter Geburtsort der Feuersalamander. Fehlen solche Gewässer, wählen sie auch schattige Tümpel und Pfützen aus.

Bilder unten: Um mehr über Bsal herauszufinden und die Tiere besser schützen zu können, untersuchen Forschende sie in der Natur. Behutsam werden Hautabstriche genommen und im Labor ausgewertet. Die erlangten Informationen geben Auskunft über die Krankheit in den Salamander-Lebensräumen.

Der Laubfrosch

Hyla arborea

Der Laubfrosch ist der Winzling unter den heimischen Fröschen. Mit einer Körperlänge von nur drei bis fünf Zentimetern bringt er es gerade einmal auf die Größe einer Streichholzschachtel. Doch unser kleinster Frosch will hoch hinaus: Als einziger Kletterer erobert er Bäume und Sträucher, Stauden, Schilf und Rohrkolben. Bis in Höhen von über 25 Metern klimmt er empor. Dabei muss er zwar auf Steigeisen verzichten, ist aber stattdessen mit Saugnäpfen ausgestattet. An seinen Fingern und Zehen befinden sich kleine Haftscheiben. Jede von ihnen hat 13 000 bis 19 000 winzige Saugnäpfe. Sie geben dem Laubfrosch Halt und ermöglichen ihm, geschickt von Ast zu Ast zu klettern oder nach einem geübten Sprung sicher zu landen. Sogar senkrechte Hindernisse kann er mit dieser Ausrüstung überwinden – zum Leidwesen der im Amphibienschutz tätigen Menschen, denn auch ein Schutzzaun stellt für den kleinen Kletterer kein Hindernis dar.

Hoch oben in den Bäumen lässt sich der Laubfrosch mit Vorliebe auf Blättern nieder und sonnt sich. Während andere Amphibien den Schutz der Erde oder des Wassers aufsuchen, sitzt der Laubfrosch auf dem Trockenen – und das freiwillig. Stundenlang hält er sich in der prallen Sonne auf. Erst wenn das Thermometer über 30 Grad Celsius klettert, tritt er den Rückzug in den Schatten an. Forschende erklären diese Vorliebe des kleinen Frosches damit, dass die Wärme den Stoffwechsel beschleunigt. Möglicherweise können Jungfrösche dadurch schneller wachsen und sich früher fortpflanzen. Außerdem könnte der Laubfrosch so die Aufnahme der Nahrung steigern und mehr Reserven für die kalte, karge Jahreszeit anlegen. Doch das Sonnenbaden ist eine Gratwanderung. Um dabei nicht zu vertrocknen, hat der kleine Frosch mehrere Strategien:

Indem sich der Laubfrosch eng an ein Blatt schmiegt, verkleinert er seine Körperoberfläche. Die Arme und Beine versteckt er dabei unter seinem Körper und krümmt seinen Rücken. Dadurch nimmt er die Gestalt einer Halbkugel an – und damit die Form mit der kleinsten Oberfläche: Über die Haut verdunstet somit weniger Feuchtigkeit. Wie andere Amphibien hat auch der Laubfrosch Schleimdrüsen. Auf seinem Rücken sind es 130 pro Quadratmillimeter! Darüber kann er seine Haut befeuchten. Die Verdunstung der Feuchtigkeit sorgt zwar für Abkühlung, allerdings erhöht das zugleich die Gefahr der Austrocknung. Glücklicherweise haben die Drüsen einen Schließmechanismus, wodurch die Wasserversorgung der Haut abgedreht werden kann.

Und noch eine Strategie hat der Laubfrosch: Er wechselt seine Farbe. Wer an einen Laubfrosch denkt, hat sicherlich einen grasgrünen Frosch mit einem hellen Bauch und einem dunklen Seitenstreifen vor Augen. Doch die Farbpalette des kleinen Frosches umfasst die unterschiedlichsten Farbtöne – von gelblich über hellgrünlich und bräunlich bis hin zu dunkelgräulich. Eine helle Färbung kann die Erwärmung des Körpers verringern – und umgekehrt. Neben der Umgebungstemperatur hängt das Aussehen des Laubfrosches auch vom Untergrund ab: Sitzt er auf einem glatten Blatt, ist er grün gefärbt, auf rauer Rinde wechselt die Farbe mitunter zu Grau oder Braun.

An trüben, kühlen Tagen zieht sich der Laubfrosch zurück. Früher verdammte ihn dieses Verhalten dazu, in Einmachgläsern auf hölzernen Leiterchen sitzend sein Dasein als »Wetterfrosch« zu fristen. Heute wissen wir, dass an der damals ihm angedichteten Fähigkeit, das Wetter voraussagen zu können, wissenschaftlich nichts dran ist.

In einer Disziplin ist der Laubfrosch jedoch unschlagbar: Obwohl er der kleinste Frosch hierzulande ist, ruft er am lautesten. Eine Lautstärke von über 100 Dezibel wurde schon gemessen! Damit kann es ein Laubfrosch-Chor ohne Probleme mit den Musikerinnen und Musikern in einem Orchestergraben aufnehmen. Als Musikinstrument dient dem Laubfrosch in erster Linie sein Kehlkopf. In Relation zur Körpergröße ist es der größte aller heimischen Amphibien. Indem der kleine Frosch die Luft zwischen Lunge und Schallblase hin und herbewegt, entsteht das unverwechselbare »räp-räp-räp-räp«. Bis zu einem Kilometer weit ist das Konzert einer Laubfroschgruppe zu hören. Für die rufenden Männchen ist es ein kräftezehrendes Unterfangen. Während der Paarungszeit verlieren sie fast so viel Gewicht wie die Weibchen durch die Abgabe der Eier. Während die Weibchen um etwa 17 Prozent leichter werden, sind es bei den Männchen immerhin 13 Prozent.

Damit der Laubfrosch dennoch bei Kräften bleibt, braucht er einen üppig gedeckten Tisch. Inmitten blütenreicher Wildsträucher und -stauden begibt er sich auf die Suche nach Beutetieren. Insekten, die dort kreuchen und fleuchen, sind eine leichte Beute für den geschickten Jäger. Landet eine Fliege vor seiner

Hoch oben in Bäumen und Sträuchern sonnt sich der Laubfrosch und sogar Spechthöhlen dienen ihm manchmal als Ort zum Überwintern.

Nase, gelingt ihr aufgrund seiner klebrigen Zunge kein Entkommen. Und auch im Flug sind die Insekten nicht sicher: Mit einem gekonnten Sprung schnappt sie der Laubfrosch in der Luft. Die seitlich am Kopf sitzenden Augen ermöglichen ihm dabei eine Rundumsicht von 340 Grad – wir Menschen überschauen dagegen nur etwa 220 Grad unserer Umgebung.

Das Konzert des Laubfrosches ist in Deutschland leise geworden. Damit es nicht verklingt, braucht es eine bunte Landschaft. Wilde Hecken, blühende Wiesen und beschauliche Gewässer bilden den Lebensraum des Musikers. Innerhalb der grauen und grünen Wüste, die wir Menschen geschaffen haben, braucht es ein Netz aus Trittsteinlebensräumen. Wilde Bänder, geknüpft aus natürlichen, breiten Säumen, dienen dem Laubfrosch als Wanderwege durch die Landschaft.

Froschlärm – wenn der Gartenfrieden in Gefahr ist

Während das Konzert auf der einen Seite des Gartenzauns geschätzt wird, können sich die Menschen auf der anderen Seite von dem Froschlärm gestört fühlen. Der Streit um die lauten Liebesrufe hat sogar Gerichte beschäftigt und die haben entschieden: Der Frosch ist im Recht. Denn wie alle heimischen Amphibienarten gehört er nach § 44 (BNatSchG) zu den besonders geschützten Arten. Es ist verboten, ihnen nachzustellen, sie zu fangen, zu verletzen oder zu töten. Auch ihr Nachwuchs – der Laich und die Larven – darf nicht aus der Natur entnommen, beschädigt oder zerstört werden. Dieser gesetzliche Schutz umfasst auch die im Gartenteich lebenden Amphibien, denn sie sind dennoch Wildtiere. Somit ist rechtlich die Sache klar: Weder ein erwachsener Frosch noch sein Laichballen darf aus dem Teich genommen und umgesiedelt werden. Ob in der Natur oder im Garten – für einen solchen Eingriff braucht es eine behördliche Genehmigung.

Gespräche über den Gartenzaun hinweg helfen bei der Wahrung des Nachbarschaftsfriedens. Denn wer den Wert eines amphibienfreundlichen Gartens kennt, kann auch das Konzert ebenso schätzen wie das Zwitschern der Vögel und das Zirpen der Grashüpfer. Wir sollten Freude daran haben, dass diese Musik in unserer Landschaft noch erklingt!

Bild links oben: Seine Kletterkünste verdankt der Laubfrosch Haftscheiben, die sich an seinen auffällig verbreiterten Finger- und Zehenspitzen befinden.

Der Moorfrosch

Rana arvalis

Pünktlich zum beginnenden Frühling sorgt der Moorfrosch für ein farbenfrohes Schauspiel. Zwischen März und April versammelt er sich mit seinen Artgenossen im Gewässer. In dieser Zeit wechseln die Männchen ihre Farbe – von einem unscheinbaren Braun hin zu einem leuchtenden Blau. Nur wenige Tage tragen sie das einzigartige Kleid. Währenddessen halten sie sich gerne in Gruppen auf. Bis zu 50 Männchen drängen sich auf einem Quadratmeter! Gemeinsam lassen sie ihre blubbernden Rufe erklingen. Sie erinnern an das gluckernde Geräusch einer leeren Flasche, die unter Wasser gehalten wird.

Nicht nur aufgrund seines kurzen Aufenthalts im Gewässer sind die Begegnungen mit dem Moorfrosch selten. Heute gilt der Farbwandler in Deutschland nach der Roten Liste als gefährdet. In mehreren Bundesländern wird er sogar als vom Aussterben bedroht oder ausgestorben geführt. Die Gründe dafür finden sich mit einem Blick auf seinen Lebensraum:

Wo der Moorfrosch lebt, verraten seine Namen. Die wissenschaftliche Bezeichnung *Rana arvalis* bedeutet übersetzt »Ackerfrosch« oder »Feldfrosch« und in der volkstümlichen Sprache wird der Moorfrosch auch Sumpffrosch genannt. Diese Vielfalt spiegelt sich in seinem Lebensraum wider. Neben Hoch- und Niedermooren sucht er für das Aufwachsen der nächsten Generation auch feuchte Wiesen, überschwemmte Auen und Bruchwälder sowie Heidetümpel aus. Im Südwesten Deutschlands ist die Bezeichnung »Auenfrosch« am treffendsten. Dass der Moorfrosch in vielfältigen Gewässern leben kann, ist die Voraussetzung für sein riesiges Verbreitungsgebiet. Vom Norden Frankreichs bis in den Nordosten Russlands reicht es und überbrückt dabei mehr als 120 Längengrade.

Dort, wo der Moorfrosch seinem Namen gerecht wird und Moore besiedelt, ist seine erstaunliche Unempfindlichkeit erkennbar. Das Wasser in Mooren ist für die meisten Amphibienarten eine lebensfeindliche Umgebung, denn es hat einen niedrigen pH-Wert – es ist sauer. Das führt zum Absterben des Amphibienlaiches. Doch nicht so beim Moorfrosch. Zwar stirbt auch sein Laich in stark sauren Hochmooren, in den weniger sauren Gewässern am Rand von Hochmooren oder in Niedermooren können seine Nachkommen hingegen heranwachsen. Und das trotz eines niedrigen pH-Werts von etwa 5.

Bild links: Zur Paarungszeit kleiden sich die Moorfroschmännchen farbenprächtig. Die intensive Färbung ist allerdings nicht notwendig für eine erfolgreiche Paarung.

Die dicken Torfmoospolster in Mooren sind, vollgesaugt mit Wasser, wie geschaffen für feuchtigkeitsliebende Amphibien.

Nicht nur Amphibien sind in diesen Gewässern selten, auch vor Fischen ist der Moorfroschnachwuchs dort sicher. Das Leben im Grenzbereich birgt allerdings auch Gefahren. Die größte geht von uns Menschen aus: Auch Jahrzehnte nachdem der saure Regen in den 1980er-Jahren auf den Titelblättern der Zeitungen für Aufregung sorgte, haben wir das Problem nicht gelöst. Denn trotz des Rückgangs von versauernd wirkenden Luftschadstoffen und dem dadurch abgewendeten Sterben unseres Waldes konnten sich die Lebensräume des Moorfrosches bis heute nicht erholen. Die Versauerung von Gewässern wird zum Beispiel durch Immissionen von Stickstoff und Schwefel verursacht. Diese stammen aus der Nutzung fossiler Energieträger genauso wie aus der Landwirtschaft. Die Folgen für den Moorfrosch wurden bereits in den 1970er-Jahren beobachtet: Der Laich verpilzt und stirbt schließlich. Versauerung von Gewässern ist auch für andere Amphibienarten ein Problem. Doch der Moorfrosch ist auf das Leben im Grenzbereich spezialisiert und steht aus diesem Grund ständig auf der Schneide einer lebensfeindlicheren Landschaft. Ein Abfallen des pH-Werts hat in den ohnehin schon sehr sauren Moorgewässern deshalb verheerende Folgen für ihn. Doch auch mit dem gegenteiligen Problem hat der Frosch zu kämpfen. Die Überdüngung landwirtschaftlicher Flächen wirkt sich vielerorts auf seine Lebensräume aus. Nährstoffe wie Nitrate und Phosphate gelangen in unermesslichen Mengen in die Gewässer. Durch den ansteigenden pH-Wert können sich auch in Moortümpeln Fische ansiedeln, die Laich und Larven gefährlich werden. Zudem werden leider noch heute Gewässer von Menschen gekalkt, um sie in Fischteiche zu verwandeln.

Trotz dieser Gefahren besteht Hoffnung für den Moorfrosch. Die für den Natur- und Klimaschutz notwendige Verringerung von Schadstoffemissionen schützt auch ihn. Von großer Wichtigkeit für den Moorfrosch ist überdies der Schutz solcher Gebiete, die noch heute stabile Populationen beherbergen. Denn sie können die Basis sein, um eine natürliche Wiederbesiedlung einstiger Lebensräume zu ermöglichen. Zu diesen Gebieten zählt zum Beispiel die Senne in Nordrhein-Westfalen. Auf diesem Truppenübungsplatz können alljährlich Tausende Laichballen gezählt werden. Zwischenzeitlich waren es sogar schätzungsweise 18 000 Ballen. Solche Inseln der Artenvielfalt gilt es zu schützen – nicht nur wegen der Frösche.

Der Grasfrosch

Rana temporaria

Der Grasfrosch gilt als Allerweltsart. Sowohl in Deutschland als auch in Österreich und der Schweiz ist er nahezu flächendeckend verbreitet und gehört zu den häufigsten Amphibienarten. Dennoch ist er bei uns vielerorts im Rückgang begriffen.

In den letzten Jahrhunderten hat sich die Welt des Grasfrosches verändert. Siedlungen haben Wälder und Wiesen in eine graue Wüste verwandelt und die verbliebenen grünen Oasen sind durch Straßen zerschnitten worden. Auf dem Weg zum Laichgewässer legt der Grasfrosch im Frühjahr eine Strecke von 400 bis 800, seltener bis zu 2000 Metern zurück. Dabei muss er an vielen Orten gefährliche Barrieren überwinden. Bereits im Jahr 1935 hat der britische Zoologe R. M. Savage auf den Straßentod des wandernden Grasfrosches in der Nähe von London hingewiesen. Heute steht er gemeinsam mit der Erdkröte symbolisch für den Konflikt zwischen Straßenverkehr und Amphibien.

Neben der Betonierung der Landschaft ist auch die Intensivierung der Landwirtschaft eine Bedrohung für den Grasfrosch. Noch im 19. Jahrhundert war er auf landwirtschaftlichen Äckern eine massenhafte Erscheinung. Dort fand er eine wilde Krautschicht und ein reiches Nahrungsangebot. Doch die bunten Wildkräuter sind vielerorts aus der Landschaft verschwunden und mit ihnen die Insekten. Sogar in deutschen Schutzgebieten sind die Insekten Untersuchungen zufolge um 76 Prozent zurückgegangen. Dadurch leerte sich der Tisch für den Grasfrosch Schritt für Schritt.

Es sind schwere Zeiten für den Grasfrosch. Der Bestandseinbruch der letzten 130 Jahre beläuft sich in Deutschland Schätzungen zufolge auf über 90 Prozent. Sowohl die deutsche als auch die österreichische Rote Liste führen ihn bereits in der Vorwarnliste. Doch die Zukunft des Frosches sieht nicht düster aus, wenn wir uns für seinen Schutz einsetzen. Denn unter den heimischen Amphibienarten gehört er zu den anpassungsfähigsten.

Das Jahr des Grasfrosches beginnt früh. Bereits bei Temperaturen ab etwa 5 Grad Celsius begibt er sich auf den Weg zum Laichgewässer. So unterschiedlich der Frosch in seiner Färbung erscheint, so verschieden sind auch seine Lebensräume. Die von ihm besiedelten Gewässer reichen von flachen, wassergefüllten Wagenspuren bis hin zu tiefen Seen. Als einer der

Mit dem Anlegen von Dämmen und Kanälen hat der Biber hier eine artenreiche Teichlandschaft geschaffen, in der Libellen durch die Luft sausen und Frösche am Ufer quaken.

ersten Frösche kommt der Grasfrosch dort bereits ab Anfang Februar an. In einem milden Frühjahr kann im Wasser ab Mitte des Monats der erste Laich entdeckt werden. Während die Weibchen das Gewässer noch in der Nacht des Ablaichens verlassen, bleiben die Männchen noch kurze Zeit vor Ort. Innerhalb weniger Tage haben die Explosivlaicher (siehe Seite 33) den Grundstein für die neue Generation gelegt.

Die Laichballen treiben allmählich an die Wasseroberfläche. Denn in der Gallerte sammeln sich Gase an, die für Auftrieb sorgen. Dadurch können sie auf dem Wasser schwimmend von der Frühlingssonne gewärmt werden. Wenn das Gewässer nochmals zufriert, kann es andererseits passieren, dass sie an der Oberfläche festfrieren. Das ist für die Nachkommen aber nicht unbedingt schlimm – die Gallerthülle schützt ein Stück weit auch vor Frost, sodass sie einen Kälteeinbruch überleben können. Eier von Frühlaichern wie dem Grasfrosch sind dunkel, fast schwarz, und von einer dicken Gallerthülle

Bild rechts: Keine andere Amphibienart ist derart vielfältig gefärbt wie der Grasfrosch. Seine Farbpalette reicht von Gelbbraun und Rotbraun über grünliche und gräuliche Töne bis hin zu einer fast schwarzen Färbung. Gezeichnet ist er mit stärker oder schwächer ausgeprägten Flecken.

umgeben. Durch die dunkle Färbung nehmen sie die Wärme der Sonne besser auf und speichern sie in der schützenden Hülle. Deswegen liegt die Temperatur dort oft einige Grad über der des kalten Wassers und beschleunigt die Entwicklung der winzigen Embryonen.

Zwei bis drei Wochen vergehen, bis aus den Eiern die Larven schlüpfen. In dieser Zeit leben sie gefährlich, denn auch andere Amphibien sind bereits unterwegs. So schätzen vor allem Molche die Grasfroscheier nach der Kältestarre als Nahrung. Dennoch überlebt eine ausreichende Zahl des Nachwuchses. Denn jedes Weibchen hat zwischen 700 und 3000 Eier abgelegt. Gemeinsam mit ihren Artgenossinnen sorgen sie für ein Meer an Eiern, das Verluste durch Feinde verkraften kann.

Ab Ende Mai vollziehen die Larven ihre Entwicklung. Tausende winzige Frösche gehen gemeinsam an Land. Der »Froschregen« hält nicht lange an – getreu ihrem wissenschaftlichen Artzusatz »temporaria«, was auch »nur kurze Zeit dauern« bedeutet. In wenigen Jahren werden sie ihrerseits für eine neue Generation sorgen. Oft kehren sie dafür zu ihrem Geburtsgewässer zurück. Mit dem Heranwachsen der Eier zu umgewandelten Fröschen hat sich das Gewässer bewährt. Die Aussichten stehen gut, dass dort auch in Zukunft neues Leben entstehen kann.

Der Springfrosch

Rana dalmatina

Der Springfrosch wirkt wie der kleine Bruder des Grasfrosches. Mit einer Länge von 3,5 bis 7,5 Zentimetern ist er nicht nur ein ganzes Stück kleiner als sein Verwandter, sondern er ist auch graziler. Neben dem Grasfrosch und dem Moorfrosch ist der Springfrosch die dritte der drei heimischen Braunfrosch-Arten. Sie lassen sich von den Grünfrosch-Arten leicht anhand ihrer bräunlichen statt grünlichen Oberseite unterscheiden. Außerdem besitzen sie entweder keine Schallblasen, wie es beim Springfrosch der Fall ist, oder lediglich innere Schallblasen, die für uns von außen nicht sichtbar sind. Dadurch sind ihre Rufe leise, nur aus der Nähe wahrnehmbar.

Seine Heimat hat der Springfrosch in den urtümlichen Laubwäldern Mitteleuropas. Dort findet er kleine Tümpel zur Vermehrung, Feuchtigkeit spendendes Totholz zum Verstecken und ein reichhaltiges Nahrungsangebot. Doch das Gesicht der Wälder hat sich verändert. Vielerorts wurden die alten Laubwälder abgeholzt und an ihrer Stelle sind aufgeräumte Nadelforste aus dem Boden geschossen. Die trockenen Forste und die riesigen Maschinen, die beim Stillen unseres Holzhungers eine Spur der Verwüstung hinterlassen, sind zur Bedrohung für den Frosch geworden. Er gehört zu den zahlreichen Waldbewohnern, denen wir mit dem Schutz und der Wiederherstellung strukturreicher Laub- und Laubmischwälder helfen können.

In einem natürlichen Wald hat der Springfrosch bei der Nahrungssuche leichtes Spiel. Er lauert am Boden und erbeutet, was ihm vor die Nase läuft. Seine Beutetiere reichen von langsamen Bodentieren wie Schnecken über schnelle Spinnen und gekonnte Flieger wie Käfer und Fliegen. Dabei steht er den kleinen Tieren um nichts nach, denn die Natur hat ihn mit einem rekordverdächtigen Können ausgestattet: Fast zwei Meter weit und einen Meter hoch kann er springen und macht damit seinem Namen alle Ehre. Etwa das 30-fache seiner Körperlänge kann er mithilfe seiner langen Beine überwinden.

Und das ist nicht seine einzige faszinierende Eigenschaft. Wie der Laubfrosch ist auch er in der Lage, seine Farbe zu wechseln. Während er bei Kälte häufig dunkel gefärbt ist, trägt er bei Wärme und Trockenheit oft ein sehr helles Gewand. Neben dem Wetter hängt seine Färbung augenscheinlich auch von seinem Gemütszustand ab – denn auch bei Stress ist sie dunkel.

Der Springfrosch ist nur schwer von den anderen Braunfroscharten unterscheidbar. Beim Laich ist die Bestimmung der Art leichter – wie aufgespießt wirken seine ballenförmig aneinanderklebenden Eier.

Wenn die Temperaturen im Frühjahr allmählich steigen, macht sich der Springfrosch auf den Weg zum Laichgewässer. Etwas später als der Grasfrosch legt er seine Eier ab. Rund 1000 an der Zahl sind es, gebündelt zu einem Laichballen. Das Springfroschweibchen befestigt ihn unter Wasser an Pflanzen. Dadurch wirkt er, anders als bei den anderen Braunfröschen, wie aufgespießt.

Zum Schutz vor Kälteeinbrüchen schwimmen die Eier untergetaucht zwischen Gewässerboden und Wasseroberfläche. Somit frieren sie bei Frost nicht ein, werden aber dennoch von den Sonnenstrahlen gewärmt. Die aus den Eiern schlüpfenden Larven sind wärmebedürftiger als die des Grasfrosches. Deshalb dauert ihre Entwicklung deutlich länger. Häufig betritt der Springfroschnachwuchs erst zwischen Juni und Juli das Land.

Insektenspray – wie wir uns und unseren Amphibien schaden

Zum Schutz vor lästigen Stichen und Bissen werden gerne Insektensprays genutzt. Dass wir damit sogar für eine ansteigende Zahl an Mücken sorgen, hat nun die Forschung gezeigt. Doch beginnen wir am Anfang: In Insektensprays sind Wirkstoffe enthalten, die abschreckend auf blutsaugende Insekten wirken und dadurch verhindern, dass sie uns zu nahe kommen. In handelsüblichen Produkten kommen häufig DEET (Diethyltoluamid) oder Icaridin zum Einsatz. Letzterer Wirkstoff steht aufgrund der Forschungsergebnisse stark in der Kritik.

Die verwendeten Insektensprays finden auf unterschiedliche Weise in die natürlichen Gewässer: Sei es durch das Baden im See oder durch das Duschen und die anschließende Einleitung des Abwassers. Im deutschen Abwasser wurde Icaridin mit einer Konzentration von bis zu 3000 Nanogramm pro Liter nachgewiesen. Auf verschiedenen Wegen – zum Beispiel durch die direkte Einleitung des Abwassers oder durch die Ausbringung von Klärschlamm in der Landwirtschaft – gelangt es in die Natur. Dort kann es verheerende Folgen für die heimische Tierwelt haben.

Die Wissenschaft hat die Auswirkungen etwa von Icaridin erforscht. Das Ergebnis ist erschreckend: Die Larven des nordamerikanischen Flecken-Querzahnmolchs *(Ambystoma maculatum)* zeigten bereits nach wenigen Tagen im Wasser mit bis zu 2000 Nanogramm Icaridin pro Liter schwere Missbildungen. Und nach 25 Tagen waren bis zu 65 Prozent der Larven tot. Auch mit Blick auf die heimischen Amphibienarten sollte uns das aufhorchen lassen, denn die untersuchte Art gehört wie unsere Feuer- und Alpensalamander zu den Salamanderverwandten. Somit ist die Gefahr groß, dass sich der Wirkstoff auf sie ähnlich auswirkt.

Doch nicht nur für die Amphibien hat der Einsatz von Insektensprays Folgen. Auch die Zahl der Mücken, die damit abgewehrt werden sollen, kann dadurch ansteigen. Denn Salamander sind Vertilger von Mückenlarven. Schwinden sie durch die Schädigung ihrer Nachkommen, können die Mücken ungehindert heranwachsen. Reagieren wir darauf mit einem verstärkten Einsatz von Insektensprays, nimmt der Teufelskreis seinen Lauf. Entkommen können wir ihm nur, indem wir den Wirkstoff Icaridin nicht nutzen und insbesondere verhindern, dass er beim Baden direkt in die Gewässer gelangt. Der Wirkstoff DEET ist den Forschungsergebnissen nach eine amphibienverträglichere Alternative, und auch natürliche ätherische Öle können stattdessen genutzt werden.

Der Seefrosch

Pelophylax ridibundus

An sonnig warmen Frühlingstagen beginnt der Seefrosch mit seinem Konzert. Mithilfe seiner großen grauen Schallblasen wird es lautstark über die Landschaft getragen. Den Naturforscher Peter Simon Pallas, der die Art als Erster wissenschaftlich beschrieb, erinnerten die Rufe an menschliches Gelächter. Deshalb verlieh er dem Seefrosch kurzerhand den Artzusatz »ridibunda« (mittlerweile geändert in »ridibundus«). Aus der lateinischen Sprache übersetzt bedeutet das »lachend« und tatsächlich klingt das abgehackte »ä ä ä ä ä« wie ein Lachen oder Meckern. Bis in den Frühsommer hinein rufen die Männchen und locken damit paarungsbereite Weibchen an. Anhand seines Gesangs lässt sich der Seefrosch leicht von den beiden anderen Arten, die mit ihm als »Grünfrösche« oder »Wasserfrösche« zusammengefasst werden, unterscheiden.

Für die Paarung wählt der Seefrosch vor allem große, stehende Gewässer aus. Dazu gehören Seen genauso wie Flussauen und die Altarme von Flüssen. Am liebsten hat er sie stark besonnt und reich mit Wasserpflanzen versehen. Wer den Seefrosch bei seinem Paarungsspiel beobachten möchte, kann sich gemütlich am Ufer niederlassen. Mit einem Fernglas ausgestattet, lassen sich die rufenden Frösche auch aus der Ferne nah heranholen. Ruhige Beobachterinnen und Beobachter belohnt der Seefrosch damit, dass man ihn auch am Land sitzend zu Gesicht bekommt. Schlafen die Beine schließlich ein und zwingen einen zum Aufstehen, flüchtet er sich mit einem weiten Sprung und einem lauten Platschen in das rettende Nass.

Unter den drei heimischen Grünfrosch-Arten ist der Seefrosch am engsten an das Wasser gebunden. Fast das ganze Jahr über hält er sich im oder am Gewässer auf. Während er im Sommer gerne abends am Ufer sitzend die letzten Sonnenstrahlen genießt, versteckt er sich im Winter vor der Kälte geschützt im Schlamm des Gewässerbodens. Manchmal überwintern sogar seine Nachkommen als Larven im Wasser. Dort können sie zu einer Länge von bis zu 10 Zentimetern heranwachsen. Doch bei den meisten von ihnen ist die Verwandlung im August abgeschlossen. Aus den bis zu 12 000 Eiern sind dann kleine Jungfrösche geworden.

Allmählich wachsen sie zur Größe ihrer Eltern heran. Mit bis zu 14 Zentimetern ist der Seefrosch unser größter heimischer Frosch. Eine Erscheinung, vor der sich nicht nur kleine Tiere in Acht nehmen müssen. Neben Insekten, Fischen oder Fröschen erbeutet er sogar Mäuse! Doch diese gewaltige Größe erreichen nur die Weibchen. Mit einer Körperlänge von bis zu 10 Zentimetern bleiben die Männchen deutlich kleiner.

Außer in Mitteleuropa ist der Seefrosch in Süd- und Osteuropa beheimatet. Auch in Gebieten, in denen er ursprünglich nicht vorkam, ist er heute zu finden. Denn beispielsweise in Frankreich und in der Schweiz wurde er von Menschen ausgesetzt und konnte große Vorkommen bilden.

Wasserfröschen wird nachgesagt, dass sie einen Wasserstrahl aus der Kloake ausstoßen und auf diese Weise Feinde ablenken. Dieser Seefrosch sorgte allerdings mitten in seinem Rufkonzert für dieses Schauspiel. Den Grund dafür verschwieg er – ob er seine Backen womöglich zu fest aufgeblasen hat?

Warum sind milde Winter für Amphibien problematisch?

Im Winter kehrt in der Natur Ruhe ein. Die Amphibien ziehen sich in dieser Zeit in vor Frost geschützte Verstecke zurück. Sie überwintern entweder an Land oder seltener im Wasser. Als wechselwarme Tiere sind sie in ihrer Aktivität von den draußen herrschenden Temperaturen abhängig. Während der Überwinterung können sie keine Nahrung aufnehmen. Deswegen benötigen sie Reserven, die sie sich in der warmen Jahreszeit angefuttert haben. Damit können sie bis zum nächsten Jahr auskommen, denn ihre Körperfunktionen und -bewegungen sind stark heruntergefahren.

Milde Winter sind für Amphibien problematisch. Denn wenn die Temperaturen steigen, kommen die Tiere unweigerlich in Bewegung. Das verbraucht ihre wertvollen Reserven, die sie im Winter aufgrund fehlender Nahrung nicht auffüllen können.

Der Kleine Wasserfrosch

Pelophylax lessonae

Der Kleine Wasserfrosch ist der kleinste unserer heimischen Wasserfroscharten. Nur auf eine Länge von bis zu acht Zentimetern wächst er heran. Und auch in anderer Hinsicht unterscheidet er sich deutlich von seinem großen Bruder – dem Seefrosch.

Oberseits leuchtet der Körper des Kleinen Wasserfrosches hellgrün bis grasgrün. Darauf befinden sich vereinzelte kleine dunkle Flecken, deutlich schärfer von der hellen Färbung abgegrenzt als beim Seefrosch. Auch unterseits ist der kleine Frosch nur spärlich gefleckt. Häufig ist er an dieser Stelle weißlich gefärbt. Doch während der Paarungszeit kann die Unterseite der Männchen einen auffälligen zitronengelben Farbton annehmen. Und auch auf den Oberschenkeln trägt der Kleine Wasserfrosch in dieser Zeit verstärkt gelbe oder orange Flecken.

Im Mai und April musizieren die Männchen mithilfe ihrer weißen Schallblasen. Das lang gezogene schnarrende Geräusch lässt sich deutlich vom Gelächter des Seefrosches unterscheiden. Höher klingt es und weniger abgehackt. Vor allem an einem warmen Nachmittag ist die Musik des Kleinen Wasserfrosches zu hören. Dabei beweist er Ausdauer und lässt seine Rufe bis tief in die Nacht hinein ertönen. Davon angelockt, schwimmt das Weibchen auf den Auserwählten zu und lässt ihn auf seinem Rücken Platz nehmen.

Während der Paarungszeit finden sich die Männchen oft mit mehreren Artgenossen zusammen. Auf den ersten Blick lässt sich nicht sagen, ob sie miteinander oder gegeneinander rufen. Doch wer das Geschehen im Gewässer aufmerksam verfolgt, kann die Konkurrenz erkennen: Die Männchen besetzen kleine Reviere, die sie mit ihren Rufen verteidigen. Genügt das nicht, schwimmen sie auf ihre Rivalen zu und verscheuchen sie in ungestüm aussehenden Ringkämpfen.

Manche Männchen halten sich aus den kräftezehrenden Kämpfen lieber raus. Sie sitzen abseits der Gruppe, rufen nur dann und wann und versuchen, ein Weibchen auf seinem Weg zum Gewässer abzufangen. Während ihre Nebenbuhler damit beschäftigt sind, sich gegenseitig in die Reviergrenzen zu verweisen, kommen sie bereits ans Ziel.

Das Weibchen legt zwischen 400 und 4500 Eier ab, die vom Männchen besamt werden. In mehreren kleinen Ballen werden sie an Pflanzen geheftet. Mit Vorliebe nutzt der Kleine Wasserfrosch dafür Gewässer mit flachen, dicht bewachsenen Bereichen. Diese findet er sowohl auf Feldern und Wiesen als auch in Wäldern und Auen. Sogar in den sauren Heide- und Hochmoorrandgewässern findet man seine Eier. Im Gegensatz zum Seefrosch hat der Kleine Wasserfrosch die Kinderstube lieber überschaubar – passend wird er auch als »Tümpelfrosch« bezeichnet.

Nach dem Ende der Paarungszeit verlassen viele Frösche das Gewässer und treten ihren Weg zu den umliegenden Wiesen, Weiden und Wäldern an. Dort überwintern sie schließlich auch in vor Frost geschützten Verstecken, bis die Sonne sie im Frühling wieder zu den Laichgewässern lockt. Auch die Jungfrösche aus dem letzten Jahr begleiten sie dorthin. Denn sie sind oft schon nach der ersten Überwinterung bereit, ihrerseits für die nächste Generation Kleiner Wasserfrösche zu sorgen.

Der Kleine Wasserfrosch ist nur spärlich gemustert – das kann dabei helfen, ihn von den anderen Wasserfroscharten zu unterscheiden.

In sonnenbeschienenen Gewässern rangeln die Konkurrenten miteinander und bieten am Ufer sitzenden Beobachtern in der warmen Jahreszeit ein unterhaltsames Spektakel.

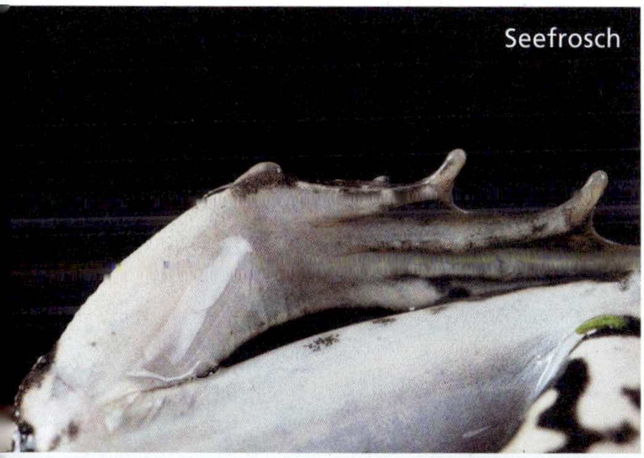

Die drei Wasserfroscharten lassen sich aus der Ferne kaum sicher bestimmen. Um Wissen über die in einem Gebiet vorkommenden Arten und ihre Häufigkeit zu erlangen, lohnt sich ein genauer Blick aus der Nähe: Der Fersenhöcker sitzt an der ersten Zehe der Frösche und ist ein sicheres Unterscheidungsmerkmal. Beim Seefrosch ist er klein, flach und deutlich nach rechts geneigt, beim Kleinen Wasserfrosch ist er groß und halbrund, und beim Teichfrosch liegt die Größe dazwischen, wobei die Form deutlich scharfkantig ist.

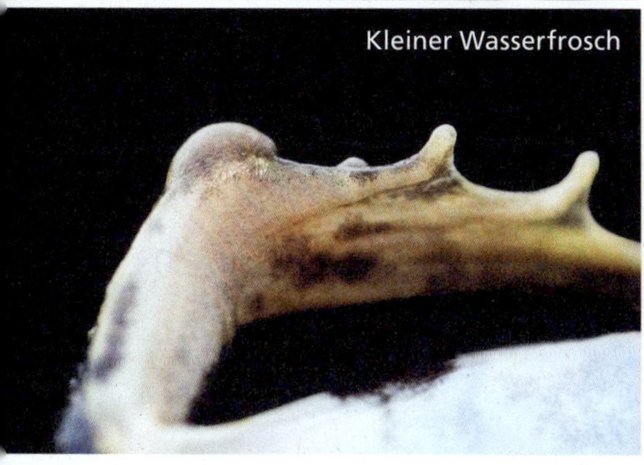

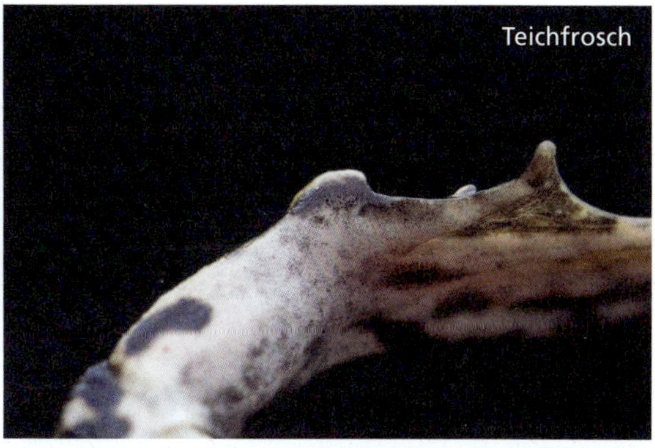

Der Teichfrosch

Pelophylax kl. esculentus

Der Teichfrosch nimmt eine Sonderstellung innerhalb der Wasserfrösche ein. Denn er hat seinen Ursprung in den beiden anderen Arten, seinen Elternarten. Er ist ein Hybrid – ein Mischwesen, das aus der Paarung zwischen einem Seefrosch und einem Kleinen Wasserfrosch entstanden ist. Wann das war, lässt sich nicht rekonstruieren, doch bereits Carl von Linné hat ihn 1758 beschrieben. In vielerlei Hinsicht nimmt der Teichfrosch deswegen eine Mittelstellung zwischen diesen beiden Arten ein.

Oft sind Hybride nicht dazu in der Lage, sich langfristig selbstständig zu vermehren. Und auch der Teichfrosch lebt vielerorts gemeinsam mit einer seiner Elternarten. Dort entstehen durch Rückkreuzungen, also durch die Paarung mit Seefröschen oder Kleinen Wasserfröschen, wiederum fortpflanzungsfähige Hybride.

Doch der Teichfrosch kann auch ohne die Hilfe seiner Elternarten Gebiete besiedeln und sich dort etablieren, wobei das lediglich durch genetisch außergewöhnliche Tiere gelingt: Unter den Teichfröschen gibt es neben den Tieren mit einem doppelten (diploiden) Chromosomensatz, wie ihn ihre Elternarten haben, auch Tiere mit einem dreifachem (triploiden) Chromosomensatz. Bei Letzteren setzt er sich aus einem einfachen Satz vom Seefrosch und einem doppelten vom Kleinen Wasserfrosch zusammen – oder andersherum. In den Ei- und Samenzellen, die von den triploiden Tieren für die Paarung gebildet werden, finden sich lediglich die Gene jener Art, deren Chromosomensatz doppelt vorhanden ist. Im Gegensatz dazu stellen die Ei- und Samenzellen ihrer diploiden Artgenossen eine genetische Mischung beider Arten dar. Und hierin liegt der Vorteil eines triploiden Teichfrosches: Innerhalb der Paarung nimmt er die Rolle einer seiner Elternarten ein, denn seine Eier oder Samen sehen genetisch wie die eines Seefrosches oder eines Kleinen Wasserfrosches aus. Dadurch wird verhindert, dass es innerhalb der Teichfroschgemeinschaft zum Beispiel zu Unfruchtbarkeit kommt.

Bereits in den 1960er-Jahren fand der polnische Naturforscher Leszek Berger heraus, dass es sich beim Teichfrosch um eine Hybridart handelt. Damals sorgte er mit seiner Entdeckung für eine Sensation und schuf die Basis für die weitere Erforschung dieser Besonderheit in der heimischen Amphibienwelt.

In seinem Aussehen ist der Teichfrosch eine Mischung aus seinen Elternarten. Mit einer Größe von bis zu 12 Zentimetern ist er kleiner als ein Seefrosch, aber größer als ein Kleiner Wasserfrosch. Und auch in der Färbung ähnelt er beiden Arten. Oberseits ist sein Körper hellgrün oder grasgrün gefärbt, seltener sind auch bläuliche oder bräunliche Farbtöne zu sehen. Darauf befinden sich kleine dunkle, runde Flecken. Unterseits reicht die Musterung von Weiß-Grau bis Grau-Schwarz. Wie beim Kleinen Wasserfrosch befinden sich auch beim Teichfrosch vor allem zur Paarungszeit oft gelbe Flecken auf den Oberschenkeln.

Das Aussehen der triploiden Tiere zeigt dabei eine starke Ähnlichkeit mit der Elternart, deren Chromosomensatz doppelt vorhanden ist. Eine sichere Artbestimmung der Wasserfrösche ist im Gewässer deshalb oftmals nicht möglich.

Bei der Wahl seiner Laichgewässer zeigt der Teichfrosch eine beeindruckende Anpassungsfähigkeit. Neben unterschiedlich großen natürlichen Gewässern gehören auch vom Menschen geschaffene Gewässer dazu. Garten-, Schul- und Stadtparkteiche bis hin zu Schwimmbecken besiedelt er.

Dorthinein legt das Teichfroschweibchen seine 3000 bis 8000 Eier. Auffällig ist, dass sich die Eier in ihrer Größe auch innerhalb eines Laichballens stark unterscheiden. Die zahlreichen Eier und die daraus schlüpfenden Larven sind eine begehrte Speise und locken viele Tiere an. Sowohl Fische und Molche als auch Insekten und Vögel nutzen den reich gedeckten Tisch.

Doch noch einen anderen Feind fürchtet der Teichfrosch: den Menschen. Seit langer Zeit hat er es auf die »Froschschenkel« abgesehen und dieser Tierart die wissenschaftliche Bezeichnung »esculentus« verliehen, was »essbar«

Bei der Wahl des Laichgewässers ist der Teichfrosch nicht wählerisch. Am wohlsten fühlt er sich, wenn er üppig wachsende Wasserpflanzen und zahlreiche Sonnenplätze findet.

bedeutet. Noch bis vor wenigen Jahrzehnten wurden massenhaft Teichfrösche in Ost- und Südosteuropa getötet und auch zu uns nach Mitteleuropa gebracht. Heute stammen die Froschschenkel vor allem aus weit entfernten Teilen der Erde – dort, wo wir die verheerenden Folgen in der Natur nicht sehen. Schätzungen zufolge werden etwa 100 bis 200 Millionen Frösche getötet und in die EU importiert, und das jedes Jahr. Eine Katastrophe vor allem für die Amphibienwelt Asiens. Ob die Amphibienarten dort vor dem Aussterben gerettet werden können, entscheiden auch wir hier in Europa.

In Europa ist der Schutz des Teichfrosches geglückt. Heute ist er vielerorts eine häufige Erscheinung. Im Sommer können wir seinem ausdauernden Gesang lauschen und seine eindrucksvollen Kunststücke anschauen. Denn beim Teichfrosch geht es gleichermaßen ums Fressen und Gefressenwerden. Dabei ist er ein gefürchteter Feind von Libellen, die er in weiten Sprüngen erbeutet. Wenn ihm der Flugkünstler nicht vor der Nase davonfliegt.

Der Kammmolch

Triturus cristatus

Der Kammmolch ist der Riese unter den heimischen Amphibien. Von der Nasen- bis zur Schwanzspitze misst er bis zu 20 Zentimeter. Das Männchen bleibt mit bis zu 18 Zentimetern zwar in der Länge hinter dem Weibchen zurück, sorgt aber auf spektakuläre Weise dafür, nicht übersehen zu werden.

Ab März findet sich der Kammmolch im Gewässer ein. Dort verwandelt er sich innerhalb kürzester Zeit vom unauffälligen, gemächlichen Landtier zum farbenfrohen, geschickten Wasserbewohner. An Land sind das Männchen und das Weibchen gleichermaßen in ein unscheinbares dunkles Gewand gehüllt. Lediglich die gelbliche bis rötliche Färbung mit der schwarzen Musterung, die sich verborgen auf seinem Bauch befindet, lässt die bevorstehende Verwandlung erahnen. Im Gewässer angekommen, legt das Männchen sein altes Gewand ab und kleidet sich in ein neues: In wenigen Tagen wächst ihm ein auffälliger, gezackter Hautkamm. Von der Stirn bis zur Schwanzspitze reicht er und lässt den Molch wie ein Fabelwesen erscheinen. Lediglich über den Hinterbeinen ist der Kamm unterbrochen. Als hätte die Natur einen launischen Tag gehabt, sind die beiden Abschnitte häufig völlig unterschiedlich geformt und lassen den Molch dadurch noch uriger wirken.

Mit seinem kunstvollen Körperschmuck kann das Männchen nicht nur die Blicke des Weibchens auf sich lenken. Er verschafft ihm auch viele Vorteile beim Paarungsspiel. Denn um die Gunst einer Artgenossin zu gewinnen, wedelt er eifrig mit dem Schwanz. Auf diese Weise macht er sie auf sich aufmerksam: zum einen durch die Bewegungen des Wassers und zum anderen durch das Zufächern von Pheromonen – Duftstoffe, die dazu führen, dass »Liebe in der Luft liegt«. Ein hoher Kamm verstärkt diese Wirkung und vergrößert dadurch den Erfolg bei der Partnersuche. Wie hoch der Kamm des Männchens ist, hängt sowohl von seinem Alter als auch von seiner körperlichen Kondition ab. Dabei gilt: Je höher der Kamm ist, desto mehr Spermatophoren kann das Männchen absetzen und desto mehr Nachkommen kann es schaffen.

Hat das Männchen das Interesse eines Weibchens geweckt, macht es den ersten Schritt seines Paarungstanzes. Dabei stellt es sich vor ihm zur Schau, formt mit seinem Körper einen »Katzenbuckel«, stellt sich im »Handstand«

Bild links: Die Finger und Zehen des Kammmolches sind schwarz-gelb geringelt und passen perfekt zur gemusterten Bauchseite.

auf den Gewässerboden und führt mit seinem Schwanz »Peitschenhiebe« aus. Das Weibchen kann dabei den imposanten Kamm und die farbenfrohe Färbung des potenziellen Partners begutachten. Befindet es ihn für geeignet, um eine neue Generation in die Welt zu setzen, kommt es zur Paarung. Diese geht nach dem langen Vorspiel verhältnismäßig kurz vonstatten: Das Männchen bewegt sich langsam fort und das Weibchen folgt ihm. Nachdem die Spermatophore mit den darin enthaltenen Spermien auf dem Boden abgelegt wurde, nimmt das Weibchen sie mit seiner Kloake auf.

Nach der Aufnahme der Spermien liegen die weiteren Aufgaben beim Weibchen. Etwa 200, selten bis zu 700 Eier legt es ab. Kunstvoll wickelt es sie einzeln in die Blätter von Wasserpflanzen ein. Dabei nimmt es sich Zeit, um seine Nachkommen sicher vor Blicken zu verstecken. Bis zu fünf Minuten dauert es, bis die kleinen Kügelchen nicht mehr zu sehen sind – und das bei jedem einzelnen davon. Insgesamt ist das Molchweibchen bis zu drei Monate mit der Eiablage beschäftigt. Am liebsten wählt es dafür sonnige Tümpel oder Teiche mit einem dichten Pflanzendickicht aus. Dort hat es genug Versteckmöglichkeiten und sein Nachwuchs kann sich durch die Wärme der Sonne schnell entwickeln.

Im Gegensatz zu den Eiern anderer Molcharten sind die Kammmolcheier einfarbig. Die Farbe ist entweder ein helles Gelb oder Grün. Daraus entwickeln sich die Larven, die allmählich zu einer Größe von bis zu acht Zentimetern heranwachsen und somit die größten heimischen Molchlarven darstellen. Bis es so weit ist, vergehen allerdings mehrere Monate. Nicht nur der Nachwuchs verbringt eine lange Zeit im Wasser, sondern auch seine Eltern. Über vier, seltener sogar sechs Monate im Jahr sind sie im Gewässer und damit länger als alle anderen heimischen Molcharten.

Nach dem Verlassen des Wassers hält sich der Kammmolch an Land verborgen. Oft wandert er nur kurze Strecken und versteckt sich tagsüber mit Vorliebe in Steinhaufen, unter Laub oder Totholz. Für den Schutz des Riesen unter den Molchen ist die Bewahrung einer natürlichen, strukturreichen Umgebung somit ebenso wichtig wie die Erhaltung seiner Gewässer.

Bilder rechts: Das Kammmolchmännchen trägt an den Schwanzseiten ein silbriges Band, das es vom Weibchen unterscheidet.

Der Kammmolch und seine Verwandten

Heute kennen wir fünf Kammmolcharten – drei davon leben in Mitteleuropa. Während in Deutschland nur der Nördliche Kammmolch *(Triturus cristatus)* natürlich beheimatet ist, sind seine Verwandten nicht weit weg. In der Schweiz kommt neben dem Nördlichen auch der Italienische Kammmolch *(Triturus carnifex)* vor, getrennt durch den Gebirgskamm der Alpen. In Österreich lebt noch dazu der Donau-Kammmolch *(Triturus dobrogicus)*. Dort kommen mancherorts alle drei Arten zusammen vor und können Hybride ausbilden.

Neben dem in Deutschland natürlich verbreiteten Nördlichen Kammmolch gibt es im Süden Bayerns ein kleines Vorkommen des Italienischen Kammmolches, das auf die Aussetzung von Tieren aus Istrien in den 1990er-Jahren zurückgeht.

Der Bergmolch

Ichthyosaura alpestris

Der Bergmolch gehört fraglos zu den schönsten unserer heimischen Amphibien. Alljährlich bringt das Bergmolchmännchen mit seinem Paarungskleid Farbe ins Gewässer. In dieser Zeit leuchtet seine orange gefärbte Bauchseite mit seiner blauen Oberseite um die Wette. Als würde er damit nicht bereits paradiesisch aussehen, trägt er noch ein kontrastreiches Punktmuster auf dem Körper. Die Zeichnung erstreckt sich auch auf den Rückensaum, der den Bergmolch wie einen kleinen Drachen wirken lässt, der in einen Farbeimer gefallen ist.

Trotz seines gleichermaßen orangefarbenen Bauches wirkt das Weibchen dagegen weitestgehend unscheinbar. Doch das ist kein Hindernis für das Männchen: Zur Paarungszeit folgt es den Duftstoffen und Bewegungen, die von seiner Auserwählten ausgehen. Die Entscheidung, ob es zur Paarung kommt, liegt beim Weibchen. Signalisiert es Interesse, indem es den Schwanz seines Partners berührt, bewegt er sich weg. Dabei legt er gleich mehrere Spermatophoren auf dem Gewässerboden ab. Diese werden von seiner Partnerin mit etwas Glück aufgenommen. Doch nur in 31 Prozent der Fälle ist sie dabei erfolgreich.

Im Laufe der Paarungszeit kann das Weibchen die Spermatophoren mehrerer Männchen aufnehmen. Daraus entwickeln sich 150 bis 200, seltener fast 400 kleine Eier. Verpackt in eine Blatttasche, die ihre Mutter um jedes von ihnen gefaltet hat, wachsen sie heran. Wie lange sie dafür brauchen, hängt von der Wassertemperatur ab, und die kann sich angesichts der Vielfalt an Laichgewässern stark unterscheiden: Sie reichen von kleinen Tümpeln im Wald bis zu großen Seen hoch oben im baumlosen Gebirge. Getreu seinem Namen kann der Nachwuchs des Bergmolchs in Höhen von über 2000 Metern gedeihen.

Wenige Wochen dauert es, bis aus den Eiern Larven schlüpfen. Nur sieben bis acht Millimeter messen sie und sind dadurch eine leichte Beute. Angesichts der zahlreichen Gefahren sind sie gut beraten, schnell an Größe zu gewinnen. Um sich vor Feinden zu schützen, verfügen die Bergmolchlarven über einem Trick: Forschende beobachteten, dass sie auf außergewöhnliche Weise auf die Anwesenheit von Libellenlarven reagieren. Woher die Molchlarven wissen, dass Libellenlarven in der Nähe sind? Sie riechen die Gefahr. Über chemische Botenstoffe werden sie auf die gefährlichen Räuber aufmerksam. Daraufhin färbt sich ihre Schwanzflosse dunkler und sowohl ihre Schwanzflosse als auch ihr Kopf nehmen an Größe zu. Vermutlich dient die dunklere, größere Schwanzflosse dazu, vom verletzlichen Kopf abzulenken, sowie zur schnelleren Flucht. Der größere Kopf ermöglicht es zudem, fettere Beute zu machen und dadurch schneller heranzuwachsen. Und wer schneller wächst, wird weniger wahrscheinlich selbst erbeutet.

Für gewöhnlich wachsen die Larven etwa drei Monate lang heran und wechseln dann ihre Gestalt zum landbewohnenden Molch. Doch der Bergmolch hat eine faszinierende Fähigkeit: die Pädomorphose. Wie bei keiner anderen heimischen Molchart neigen die Bergmolchlarven dazu, einen Teil ihrer jugendlichen Merkmale im Erwachsenenalter beizubehalten. Dadurch werden auch Molche geschlechtsreif, die noch ihre Kiemenbüschel, aber noch nicht das farbenprächtige Kleid ihrer Eltern tragen. Bereits in den 1930er-

Der Bergmolch besiedelt eine große Bandbreite unterschiedlicher Gewässer – vom Gartenteich über den Waldtümpel bis hin zum Bergsee oberhalb der Waldgrenze.

Jahren gingen Forschende in Slowenien diesem Rätsel auf den Grund. Heute wissen wir, dass die Pädomorphose den Molchen entscheidende Vorteile bietet. So lohnt sich der lange Aufenthalt im Wasser in großen, nicht von Fischen besiedelten Gewässern, in denen sie reichlich Plankton erbeuten und zugleich sicherer davor sind, selbst zur Beute zu werden.

Bereits etwa drei Monate, nachdem das farbenfrohe Bergmolchmännchen das Wasser aufgesucht hat, wandert es wieder an Land. Die auffällige Färbung tauscht es gegen ein schlichtes Kleid. Wie das Weibchen ist es dann dunkler gefärbt. Statt des markanten Fleckenmusters trägt es ein gräuliches bis bräunliches Netzmuster. Dabei deutet die deutlich erkennbare Hautleiste des Männchens noch auf die Pracht des Paarungskleides hin.

Bilder links: Im Gegensatz zur bunten Wassertracht des Bergmolchmannes (links) trägt die Molchfrau (rechts) zeitlebens ein unscheinbares Gewand.

Der Teichmolch

Lissotriton vulgaris

»Gartenmolch« wird er gerne genannt. Denn Gärten erfreuen sich beim Teichmolch großer Beliebtheit. Wo ein neuer Teich entsteht, lässt er oft nicht lange auf sich warten. Durch seine hierzulande fast flächendeckende Verbreitung lebt er vielerorts als unscheinbarer Nachbar. Häufig hält er sich dabei unter Holzstapeln, Laubhaufen oder Steinplatten auf und verlässt sein Versteck nur bei Regen. Auf seinen kurzen Wanderungen wird ein neues Gewässer schnell entdeckt und mit Leben gefüllt. Wer im Garten einen Teich anlegt, kann den Molch somit oft schon nach kurzer Zeit als Untermieter begrüßen.

Als kleines Kind habe ich stundenlang am Gartenteich meiner Großeltern gespielt. Mit einem Kescher ausgerüstet, wurde von mir nicht nur Laub aus dem Wasser gefischt, sondern auch dort lebende Schnecken, Insekten – und Molche. Schon damals faszinierten sie mich, und ich konnte nicht schnell genug den schweren Kescher vor mir auf den Boden legen und den kleinen Vierbeiner bestaunen, wie er aus dem nassen Laub hervorkroch. Sobald ich ihn zurück in den Teich setzte – aus Angst, er könne ersticken wie ein Fisch auf dem Trockenen, ließ ich mir damit nicht lange Zeit –, tauchte er rasch in die dunkle Tiefe ab. Rückblickend betrachtet, war der kleine Fisch mit Füßen die erste Amphibie, der ich begegnet bin.

Weil der Teichmolch gerne den Lebensraum Garten bewohnt, hat er breite Bekanntheit erlangt und sorgt bei vielen Menschen – wie bei mir – oft für die ersten Ausflüge in die Amphibienwelt.

Wenngleich der Teichmolch weit verbreitet ist, befindet er sich heute im Rückgang. Ursprünglich suchte er für die Fortpflanzung allerhand Wasseransammlungen in der Natur auf. Ob in Wäldern, auf Wiesen oder entlang von Flüssen: Unzählige von ihnen sind in den letzten Jahrzehnten verschwunden. An vielen Orten, wo früher unberührte Natur war, sind Siedlungen aus dem Boden gewachsen. Der Teichmolch gehört zu den Amphibienarten, die dem Wandel weitestgehend trotzen und den Lebensraum Garten erobern konnten.

Sogar in Großstädten wie Berlin lebt er in beträchtlicher Zahl. Dort beherbergen Kleingarten- und Gartenteiche bis zu 250 ausgewachsene Teichmolche. Umgerechnet tummeln sich darin also auf jeden Quadratmeter im Schnitt über zwölf Tiere. Zwar wurde in natürlichen Kleinstgewässern eine

Bild links: Der Teichmolch ist nach der Erdkröte und dem Grasfrosch hierzulande die häufigste Amphibienart.

fast vierfach so hohe Dichte gezählt, doch fraglos ist der Amphibienschutz in städtischen Gärten ein unschätzbarer Beitrag zur Bewahrung von anpassungsfähigen Arten wie dem Teichmolch.

Damit er dort eine neue Heimat findet, braucht es sowohl eine naturnahe Gestaltung des Gartenteichs als auch des übrigen Gartens. Der Mut zur Unordnung und das Gärtnern Hand in Hand mit der Natur werden nicht nur durch den Besuch von Amphibien belohnt!

Hat der Teichmolch im Frühling das Wasser erreicht, schlüpft er in sein Hochzeitskleid – die Wassertracht. Der Schwanz verwandelt sich mithilfe von Hautsäumen in ein breites Ruder, mit dem er schnell schwimmen kann. Beim Weibchen ist der Schwanzflossensaum niedriger als beim Männchen, das noch dazu einen hohen, gewellten oder zart gezackten Rückenkamm besitzt. Im Gegensatz zum Kammmolch reicht er beim Teichmolch ohne Unterbrechung bis zur Schwanzspitze.

Neben den beim Molchmännchen größeren und beim Molchweibchen kleineren Tupfen fällt der Teichmolch auch durch dunkle Streifen am Kopf auf, die ihm den volkstümlichen Namen »Streifenmolch« eingebracht haben. Beim Weibchen, das allgemein verwaschener gemustert ist, sind die Streifen undeutlicher zu erkennen.

Nach dem Verlassen des Gewässers wandelt sich nicht nur die Färbung des Teichmolchs. Während das Männchen seine Punkte und Streifen behält, ist die Landtracht des Weibchens einheitlich bräunlich bis gräulich. Noch dazu ändert sich auch die Struktur der Haut: Nachdem sie im Wasser schleimig feucht war, ist sie an Land samtig gekörnt. Das ist eine Anpassung an die gegensätzlichen Elemente, in denen der Teichmolch sein Leben führt. Denn im Gegensatz zum Wasseraufenthalt, bei dem die Haut als Schutzschild gegen eindringendes Wasser dient, braucht es beim Landleben einen Verdunstungsschutz. Deswegen verdickt sich die Hornschicht, wodurch die Haut gröber wirkt.

Anhand des Teichmolches lässt sich die Anpassung an das Leben zwischen den Elementen, die Amphibien im Laufe von Millionen an Jahren zu dem gemacht hat, was sie heute sind, besonders gut sehen.

Bild rechts oben: Die Larven des Teichmolchs sind anfangs weißlich bis gelblich gefärbt und nehmen später eine hellbraune Farbe mit dunklen Flecken an. Im Alter von sechs bis zwölf Wochen bilden sich larvale Merkmale wie die Kiemenbüschel und der Rückensaum zurück.

Der Fadenmolch

Lissotriton helveticus

Molche führen ein heimliches Leben. Sowohl an Land als auch im Wasser werden sie leicht übersehen. Denn sie zeichnen sich weder durch lautstarke Froschkonzerte aus, noch fallen sie bei durch massenhafte Wanderungen auf.

Der Fadenmolch ist wohl der unauffälligste unter ihnen. Er ist unser kleinster Molch – eine Länge von nur sieben bis acht Zentimetern erreicht er. Treffend lässt er sich als kleiner Bruder des Teichmolches beschreiben. Denn die beiden Arten sehen sich zum Verwechseln ähnlich. Dadurch wird der Fadenmolch häufig nicht erkannt. Das kleine Kerlchen gehört zu den Amphibienarten, die sich bisweilen den Winter über im Keller niederlassen und dort in einer Ecke entdeckt werden können. Im Frühling zieht es ihn zurück ins Freie. Den Weg dorthin – über steile Treppen und tiefe Lichtschächte vor Kellerfenstern – kann er oft nicht alleine zurücklegen. Unsere Hilfe ist dann seine letzte Rettung.

Während wir den Molch in die Freiheit bringen, lohnt sich ein genauer Blick. Mit etwas Übung lässt sich der Fadenmolch vom ähnlichen Teichmolch unterscheiden:

Nach der Überwinterung trägt der Fadenmolch noch seine unauffälligere Landtracht. Die Färbung umfasst die verschiedensten Brauntöne – von gräulichen über grünliche bis hin zu gelblichen Farbnuancen. Beim Weibchen kann sich auf dem Rücken eine gelbliche bis rötliche Linie befinden. Bei beiden Geschlechtern zieht sich eine dunkle Linie von der Nase über das Auge bis zum Hals. Wie deutlich erkennbar sie ist, variiert von Tier zu Tier.

Bei der Unterscheidung von Fadenmolch und Teichmolch stellen die Männchen eine kleinere Herausforderung dar als die Weibchen. Das Teichmolchmännchen fällt durch die großen, dunklen Flecken auf, die sich sowohl oberseits als auch unterseits auf Bauch und Kehle befinden. Seine Kloake ist dunkel gefärbt und zur Paarungszeit stark verdickt. Betrachtet man das Fadenmolchmännchen von unten, fällt auf, dass seine Kehle im Gegensatz zum großen Bruder fleckenlos und fleischfarben ist. Auch sein Bauch ist meistens ungefleckt, lediglich an den Flanken trägt es wie der Teichmolch dunkle Flecken. Seine Kloake ist teilweise ebenfalls dunkel gefärbt. Während des Wasseraufenthalts im Frühjahr fällt das Fadenmolchmännchen außerdem

In der Wassertracht tragen die Molchmännchen den namensgebenden »Faden« am Schwanzende.

durch den namensgebenden »Faden« am Schwanzende auf. Fast einen Zentimeter kann der fadenförmige Hautsaum werden, beim Weibchen ist er hingegen allenfalls angedeutet.

Die Unterscheidung der Weibchen fällt bei den beiden Arten deutlich schwerer, denn sie sind unscheinbarer gefärbt. Das wichtigste Merkmal, um die Arten auseinanderzuhalten, ist die Kehle. Beim Teichmolchweibchen ist sie gelblich gefärbt und in der Regel mit kleinen dunklen Flecken versehen. Beim Fadenmolchweibchen ist sie hingegen nicht pigmentiert und sieht dadurch fleischfarben aus. Im Gegensatz zum Teichmolchweibchen ist die Kehle nahezu immer ungefleckt, nur sehr selten sind vereinzelte Flecken auf dem blassen Grund zu erkennen.

Nachdem wir den kleinen Molch unter die Lupe genommen haben, geht es für ihn zurück in die Freiheit. Im Frühjahr macht er sich auf den Weg zum Ort der Paarung. Gerne wählt er dafür kleine, stille und schattige Gewässer aus. Vor allem in Laub- und Laubmischwäldern sowie in alten Nadelwäldern ist er zu Hause. Doch auch Gartenteiche besiedelt der Fadenmolch. Es gibt sogar Gewässer, in denen er gemeinsam mit allen drei anderen Molcharten vorkommt.

Fluoreszenz – das verborgene Leuchten

Denken wir an leuchtende Tiere, haben wir wahrscheinlich Glühwürmchen vor Augen. Sie machen auf der Suche nach einem Partner mithilfe eines Leuchtorgans auf sich aufmerksam. Dahinter steckt die Biolumineszenz: Die kleinen Käfer besitzen die Fähigkeit, durch eine chemische Reaktion im Körper Licht zu erzeugen. Das führt dazu, dass sich ein Wald in einer sommerlichen Nacht in einen verwunschenen Ort verwandeln kann.

Nun hat die Forschung herausgefunden, dass die Welt der Amphibien ein ähnliches Wunder vollbringt. Bei verschiedenen Amphibienarten wurde die Fähigkeit zur Biofluoreszenz nachgewiesen. Zu ihnen gehört auch der bei uns lebende Bergmolch. Bereits bei Tageslicht fällt er durch seine farbenfrohe Färbung auf. Dass er ein verborgenes Leuchten in sich trägt, lässt sich erst bei blauem Licht sehen. Denn es regt bestimmte Körperbereiche zum Leuchten an. Beim Bergmolchmännchen sind das die Bereiche, die auch bei Tageslicht ins Auge fallen: der orange gefärbte Bauch und die gemusterte Rückenleiste. Unter dem richtigen Licht leuchten sie in einem magischen Grün. Wie bei den Glühwürmchen könnten auch bei den Amphibien spezielle Moleküle für das faszinierende Schauspiel verantwortlich sein.

Das Geheimnis, warum es die Biofluoreszenz der Amphibien gibt, hat die Forschung noch nicht gelüftet. Es könnte ihnen bei der Partnersuche helfen oder zur Abschreckung von Feinden dienen. Denn das blaue Lichtspektrum dominiert in der Natur sowohl in der Dämmerung als auch unter der Wasseroberfläche. Bei diesen Lichtverhältnissen könnte den Amphibien das Leuchten nutzen.

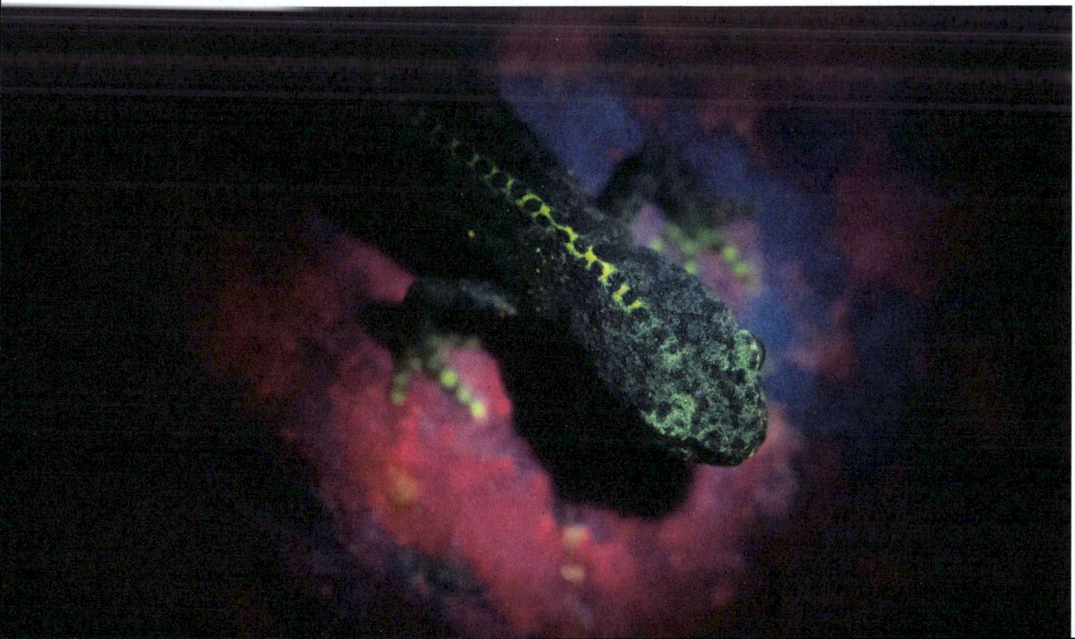

Hybridisierung unter Amphibien

Dass sich Amphibien unterschiedlicher Arten paaren, ist keine Seltenheit. Im Falle des Teichfrosches entstand dadurch sogar eine neue Art (siehe Seite 101). Doch nicht nur unter Wasserfröschen gibt es Hybride. Auch bei Molchen, Unken und Kröten tritt diese Laune der Natur auf.

Bei den Kammmolch-Arten wurden sowohl in Deutschland als auch in Österreich und der Schweiz Hybriden beobachtet. In Österreich gibt es mehrere Regionen, in denen die drei mitteleuropäischen Kammmolch-Arten gemeinsam vorkommen und sich miteinander paaren können. In der Schweiz wurden vor über 100 Jahren Italienische Kammmolche ausgesetzt. Durch Paarungen mit den heimischen Nördlichen Kammmolchen entstanden auch dort Hybriden. Zugleich wurde die ursprüngliche Art in der Umgebung von Genf fast verdrängt.

Während Hybride bei Kammmolchen in Mitteleuropa zahlreich gefunden wurden, sind die Funde bei Teichmolch und Fadenmolch seltener. In der Natur waren sie allesamt männlich. Sie haben von ihrem Teichmolchelternteil große Punkte auf dem Bauch und der Kehle und von ihrem Fadenmolchelternteil einen glattrandigen Hautsaum auf Rücken und Schwanz sowie einen deutlichen »Faden« am Schwanzende vererbt bekommen. Im Gegensatz zu männlichen Hybriden sind weibliche kaum zu erkennen. Denn die Merkmale der weiblichen Teichmolche und Fadenmolche sind weniger markant. Einen Grund dafür, dass es nur selten zu Hybriden zwischen den beiden Arten kommt, vermutet man in den unterschiedlichen Paarungsritualen. Das Fadenmolchmännchen wedelt beim Paarungsspiel schneller und länger mit dem Schwanz als sein Verwandter. Möglicherweise finden dadurch artübergreifende Paare schwieriger zusammen.

Auch bei der Hybridisierung von Gelbbauchunke und Rotbauchunke gibt es ein Hindernis. Denn die Gelbbauchunke bevorzugt für die Fortpflanzung kleine Gewässer, die schnell austrocknen. Die Rotbauchunke sucht hingegen größere Gewässer auf, die häufig das ganze Jahr über mit Wasser gefüllt sind. Durch die unterschiedlichen Lebensräume treffen sich die beiden Unkenarten seltener in den Laichgewässern. Dennoch verläuft durch Europa ein Band, in dem Hybride vorkommen. Sie weisen Merkmale beider Elternteile auf und können sich auch mit einer ihrer Elternarten fortpflanzen. Teilweise leiden

Fehlpaarungen zwischen Erdkröten und Kreuzkröten sind selten, denn normalerweise begibt sich Erstere deutlich früher auf Partnersuche.

sie allerdings unter einer höheren Sterblichkeit – ein Schicksal, dass sie mit anderen Hybriden im Tierreich teilen.

Zuletzt gibt es auch unter den Kröten Hybriden. Sowohl Kreuzungen zwischen Wechselkröten und Kreuzkröten, zwischen Erdkröten und Wechselkröten sowie zwischen Erdkröten und Kreuzkröten sind möglich. Allerdings erreichen die Nachkommen nur selten das Erwachsenenalter. Doch ohnehin stehen Paarungen zwischen der Erdkröte und den beiden anderen Krötenarten vor einer Herausforderung: Für gewöhnlich laicht die Erdkröte früh im Jahr, sobald die Temperatur auf etwa 4 Grad Celsius steigt. Die Wechselkröte und die Kreuzkröte laichen hingegen erst bei Wassertemperaturen von etwa 10 Grad Celsius ab. Dass sich die Arten zur Paarung treffen, zum Beispiel wenn das Thermometer nach dem Winter abrupt in die Höhe klettert, ist somit ein seltener Zufall.

Unsere
Amphibien
schützen

Wie können wir Amphibien schützen?

Warum ist der Amphibienschutz wichtig?

»Wenn wir diese Kunst noch so beherrschten wie die Naturvölker, wir kämen aus der Angst wohl nicht mehr heraus, aus der Angst vor der Grabesstille, die sich in der Natur überall ausbreitet unter unserem Lärm.« (Rudolf Schreiber: Rettet die Frösche, 1983)

Schon vor Jahrzehnten bemerkte Rudolf Schreiber die Stille in unserer Landschaft. Sein Buch ist ein eindringliches Plädoyer für den Schutz der Amphibien. Wenngleich es bereits Anfang der 1980er-Jahre erschienen ist, hat es bis heute nicht an Aktualität verloren.

Rote Listen: Gefährdung in Deutschland, Österreich und der Schweiz

Deutscher Name *Wissenschaftlicher Name*	*Deutschland* *(2009 vs. 2020)*	*Österreich (2007)**	*Schweiz (2005)**
Froschlurche			
Geburtshelferkröte Alytes obstetricans	2009: gefährdet 2020: stark gefährdet ●	nicht etabliert	stark gefährdet ●
Rotbauchunke Bombina bombina	2009: stark gefährdet 2020: stark gefährdet ●	gefährdet ●	nicht etabliert
Gelbbauchunke Bombina variegata	2009: stark gefährdet 2020: stark gefährdet ●	gefährdet ●	stark gefährdet ●
Erdkröte Bufo bufo	2009: nicht gefährdet 2020: nicht gefährdet ●	Vorwarnliste ●	verletzlich / gefährdet ●
Wechselkröte Bufotes viridis	2009: gefährdet 2020: stark gefährdet ●	gefährdet ●	ausgestorben
Kreuzkröte Epidalea calamita	2009: Vorwarnliste 2020: stark gefährdet ●	vom Aussterben bedroht ●	stark gefährdet ●

●: stark gefährdet ●: gefährdet ●: Vorwarnliste ●: nicht gefährdet

Deutscher Name Wissenschaftlicher Name	Deutschland (2020 vs. 2009)	Österreich (2007)*	Schweiz (2005)*
Europäischer Laubfrosch Hyla arborea	2009: gefährdet 2020: gefährdet	gefährdet	stark gefährdet
Italienischer Laubfrosch Hyla intermedia	nicht etabliert	nicht etabliert	stark gefährdet
Knoblauchkröte Pelobates fuscus	2009: gefährdet 2020: gefährdet	stark gefährdet	Daten unzureichend
Teichfrosch Pelophylax esculentus	2009: nicht gefährdet 2020: nicht gefährdet	Vorwarnliste	nicht etabliert
Kleiner Wasserfrosch Pelophylax lessonae	2009: Gefährdung unbekannten Ausmaßes 2020: Gefährdung unbekannten Ausmaßes	gefährdet	nicht etabliert
Seefrosch Pelophylax ridibundus	2009: nicht gefährdet 2020: Daten unzureichend	gefährdet	nicht beurteilt
Moorfrosch Rana arvalis	2009: gefährdet 2020: gefährdet	gefährdet	Daten unzureichend
Springfrosch Rana dalmatina	2009: nicht gefährdet 2020: Vorwarnliste	Vorwarnliste	stark gefährdet
Italienischer Springfrosch Rana latastei	nicht etabliert	nicht etabliert	verletzlich / gefährdet
Grasfrosch Rana temporaria	2009: nicht gefährdet 2020: Vorwarnliste	Vorwarnliste	nicht gefährdet
Schwanzlurche			
Bergmolch Ichthyosaura alpestris	2009: nicht gefährdet 2020: nicht gefährdet	Vorwarnliste	nicht gefährdet
Fadenmolch Lissotriton helveticus	2009: nicht gefährdet 2020: nicht gefährdet	nicht etabliert	verletzlich / gefährdet
Teichmolch Lissotriton vulgaris	2009: nicht gefährdet 2020: nicht gefährdet	Vorwarnliste	stark gefährdet
Alpensalamander Salamandra atra	2009: nicht gefährdet 2020: nicht gefährdet	Vorwarnliste	nicht gefährdet
Feuersalamander Salamandra salamandra	2009: nicht gefährdet 2020: Vorwarnliste	Vorwarnliste	verletzlich / gefährdet
Alpen-Kammmolch Triturus carnifex	nicht etabliert	gefährdet	stark gefährdet
Nördlicher Kammmolch Triturus cristatus	2009: Vorwarnliste 2020: gefährdet	stark gefährdet	stark gefährdet
Donau-Kammmolch Triturus dobrogicus	nicht etabliert	stark gefährdet	nicht etabliert

* Für Österreich und die Schweiz sind aktuell (Stand: März 2022) keine neueren Daten verfügbar. Da sich die für die Einstufung verwendeten Kriterien in den Roten Listen Österreichs und der Schweiz zwischen den letzten Veröffentlichungen verändert haben, ist ein direkter Vergleich nicht zulässig.

Natürliche Feinde unserer Amphibien

Das Leben der Amphibien ist schon im Ei bedroht: Fische beispielsweise fressen den Laich, und sogar die Verwandtschaft – die Molche – lassen ihn sich schmecken. Haben die Eier überlebt, stehen sie schon den nächsten Feinden gegenüber. Im Wasser lebende Insekten wie Libellenlarven sowie der Gelbrandkäfer und seine Larven gehören zu den gefährlichsten unter ihnen. Angesichts dieser Bedrohung wundert es nicht, dass von Tausenden Eiern nur wenige überleben. Auch an Land sind die Amphibien nicht sicher. Kurz nach der Metamorphose müssen sie sich etwa in Acht nehmen vor Spinnen, Käfern und kleinen Vögeln. Und sogar die ausgewachsenen Amphibien stehen auf diversen Speisekarten: Der Weißstorch stakst mit aufmerksamem Blick über feuchte Wiesen und die Kreuzotter lauert, im Gras liegend, den Lurchen auf.

Das Verstummen der Natur wurde in den letzten Jahren in Form des Insektensterbens deutlich. Während es früher in der Landschaft summte und brummte, ist diese Musik vielerorts verklungen. Wachgerüttelt von den warnenden Stimmen aus der Wissenschaft, setzen sich unzählige Menschen gemeinsam für den Schutz der Insekten ein. Wir wissen, wie viel auf dem Spiel steht: Denn die Insekten sind nur ein Teil eines großen, bunten Mosaiks, ohne das auch wir Menschen nicht leben können.

Ein weiterer Teil sind die Amphibien. Auch ihre Stimmen sind in vielen Gebieten verstummt. Kein Wunder, denn das Amphibiensterben hängt auch mit dem Insektensterben zusammen. Dort, wo früher blühende Wiesen und urige Wälder waren, befinden sich heute häufig lebensfeindliche Flächen. Ob Plantagen aus Mais oder Fichten – dort suchen etliche Tiere vergeblich nach einem Lebensraum. Und wenn die kleinsten Bewohner unserer Natur verschwinden, folgen ihnen auch die größeren wie die Amphibien. Denn sie brauchen nicht nur ein Gewässer zur Fortpflanzung und ein Versteck zur Überwinterung, sondern auch ein reichhaltiges Nahrungsangebot.
Der Rückgang der Amphibien reißt ein empfindliches Loch in das natürliche Nahrungsnetz. Denn sie sind nicht nur Vertilger von Insekten, Spinnen und Schnecken, sondern stehen zugleich selbst auf der Speisekarte vieler Tiere. Dazu gehören Störche und Reiher genauso wie Schlangen und Spitzmäuse. Und sogar Insekten wie Libellen und Laufkäfer ernähren sich vom Nachwuchs der Amphibien. Somit steht und fällt auch deren Bestehen mit dem der Amphibien.

Durch uns Menschen sind in der Natur nur noch kleine Inseln übrig geblieben, auf denen Wildtiere leben können. Und wo sie diese verlassen, droht oft der Tod. Um ihr Leben zu schützen, muss auch ihr Lebensraum geschützt werden und dort, wo er zerstört wurde, neu geschaffen werden. Damit die Tiere die Grenzen zwischen den Gebieten – ob Straßen oder deckungslose Felder – überwinden können, braucht es sichere Verbindungen zwischen ihnen. Durch für sie konstruierte Brücken oder Tunnel werden die Gefahren des Straßenverkehrs abgeschwächt und durch ein dichtes Netz aus Hecken werden auf landwirtschaftlichen Flächen sichere Wege für kleine und große Tiere geschaffen.

Letztlich nutzt es wenig, wenn Tiere unter Schutz stehen, ihre Lebensgrundlage aber Schritt für Schritt vernichtet wird. Nur wenn die Natur in unsere Landschaft zurückkehrt, werden wir auch ihre Bewohner wieder zahlreicher beobachten können. Dann kreucht und fleucht, krabbelt und hopst es wieder auf den Wiesen, in den Wäldern, an den Flüssen und in den Mooren.

Weltweit sind nach der Roten Liste der IUCN mehr als ein Drittel aller Amphibienarten vom Aussterben bedroht. Die Nutzung der Landschaft durch uns Menschen spielt dabei ebenso eine Rolle wie der Klimawandel und die Ausbreitung von Krankheitserregern. Dabei sind diese wesentlichen Gründe eng miteinander verbunden. Denn die Landnutzung – sei es der Bau von Straßen und Siedlungen oder die Abholzung von Wäldern und die Trockenlegung von Mooren – treibt den Klimawandel voran und das macht die Amphibien noch anfälliger für Krankheiten. Was auf den ersten Blick entmutigen mag, kann auch Hoffnung geben: Genauso wie wir Menschen vieles zerstört haben, liegt es in unserer Macht, das Ruder rumzureißen. Wenn wir uns gemeinsam für den Schutz von Natur und Klima einsetzen, schützen wir auch unsere Amphibien. Und dazu kann fast jeder etwas beisteuern, ob durch Mithilfe am Amphibienzaun, amphibienfreundliches Gärtnern oder bei lokaler Naturschutzarbeit für naturnahe Wälder, Wiesen und Gewässer.

Mücken – Störenfriede oder schnelle Happen?

Amphibien sind zugleich Jäger und Gejagte. Sie stehen in Beziehung zu unterschiedlichsten Tierarten. Unter ihnen nehmen Stechmücken eine Sonderstellung ein: Sie machen sich einerseits über das Blut der Amphibien her und müssen sich dabei andererseits in Acht nehmen, von ihnen nicht geschnappt zu werden.

Mit über 40 Familien sind Mücken sehr artenreich. Zu den bekanntesten bei uns vorkommenden Arten gehört die Gemeine Stechmücke *(Culex pipiens)*. Auf der Suche nach einer Blutquelle summen die Weibchen durch die Lüfte. Im Gegensatz zu den Männchen benötigen sie nämlich nicht nur pflanzliche Nahrung für die Fortpflanzung.

Ihre Eier legen Mücken – je nach Art – im Wasser oder an Land ab. Die daraus schlüpfenden Larven sind bei den Amphibien ebenso beliebt wie die erwachsenen Insekten selbst und das macht sie zu einem bedeutsamen Bestandteil des natürlichen Kreislaufes. Die Stechmückenbekämpfung, die mancherorts sogar mit aus Hubschraubern ausgebrachten

Giftstoffen durchgeführt wird, trifft auch ihre natürlichen Feinde hart. Zum einen weil dadurch Mücken – und nicht nur die blutsaugenden – als Nahrung verloren gehen und zum anderen weil für Insekten giftige Substanzen auch Amphibien direkt schädigen können (siehe Seite 91).

Vielleicht ist der Gedanke an den Nutzen für unsere heimische Amphibienwelt zumindest ein kleiner Trost, wenn nachts eine Mücke um das Ohr summt.

Ihre Lebensräume schützen

Der Einfluss des Klimawandels

Die letzten Jahre haben laufend Rekorde gebrochen. Die zehn heißesten Jahre seit Beginn der regelmäßigen Wetteraufzeichnungen wurden allesamt nach der Jahrtausendwende gemessen. Gleichzeitig nehmen Extremwetterereignisse wie Dürren, Stürme und Starkregen zu. Eine verheerende Veränderung auch für die Amphibienwelt.

Über Jahrmillionen hinweg haben sich die Amphibien an das Leben zwischen dem Wasser und dem Land angepasst. Nun wird ihre Welt rasant auf den Kopf gestellt. Vielerorts trocknen Laichgewässer aus, weil die Niederschläge nicht ausreichen. In Flussauen kommt das Ausbleiben von Überschwemmungen durch die Schneeschmelze hinzu. In Auen befindet sich ein großer Teil der natürlichen Laichgewässer von Amphibien. Hat es im Winter nicht genug geschneit, bleiben die Überschwemmungen aus und die Gewässer fallen zur Laichzeit im Frühling schlimmstenfalls trocken. Damit steht das Heranwachsen einer ganzen Generation auf dem Spiel.

Vielerorts stemmen sich Menschen gegen diese Entwicklung und versuchen, den Amphibien zu helfen: Vom Austrocknen bedrohte Gewässer werden mit Wasser versorgt und die nächste Amphibiengeneration kann so gerettet werden. In Anbetracht der vielen Tümpel in Wäldern und auf Wiesen, die unbemerkt verschwinden, ist das allerdings keine langfristige Lösung für das Überleben der Arten. Um diese Veränderungen aufzuhalten, braucht es neben einem konsequenten Schutz von Amphibienbiotopen einen ebenso konsequenten Klimaschutz. Hierzu müssen natürliche Moore, Wälder und Wiesen geschützt und geschaffen werden. Als Kohlenstoffspeicher sind sie wichtige Verbündete gegen den Klimawandel. Noch dazu speichern sie Wasser und bieten in trockenen, heißen Zeiten ein ausgeglichenes Mikroklima. Das ist für Amphibien überlebenswichtig. Denn auf ihrer Suche nach Nahrung oder Partnern ist Feuchtigkeit wichtig. Anhaltende Trockenheit kann dazu führen, dass sie schlichtweg verhungern oder vertrocknen. Auch die Überlebenden sind nicht zwangsläufig gerettet. Denn Nahrungsmangel und die fehlende Feuchtigkeit schwächen sie und machen sie anfälliger für Krankheiten.

Lange Zeit wurden Moore, Wälder und Wiesen von der Menschheit umgestaltet, um die Flächen für die Land- und Forstwirtschaft zu nutzen – auf Kosten der Natur. Durch die Entwässerung gingen in vielen Gebieten natürliche Gewässer verloren.

Neben diesen überlebenswichtigen Gewässern verschwanden vielerorts lebenswerte Landbiotope. Wälder und andere Landschaften wurden »aufgeräumt«: Das Totholz verschwand, Feldsäume wurden von Äckern vereinnahmt, Böden durch den Einsatz schwerer Maschinen verdichtet. Die Liste ließe sich fast endlos fortführen. Gerade angesichts des Klimawandels ist hier eine Umkehr von hoher Wichtigkeit. Dabei ist die Wiederherstellung verloren gegangener Gewässer und die Renaturierung einstiger Moore ein erster wichtiger Schritt. Parallel dazu müssen wir einen Wandel in der Forstwirtschaft erreichen. Denn wir brauchen eine naturnahe Bewirtschaftung, die auf die Bedürfnisse der Waldbewohner Rücksicht nimmt. Für isoliert lebende Populationen ist auch eine Vernetzung verschiedener Biotope zu einem möglichst flächendeckenden Biotopverbund wichtig. Hierdurch wäre eine natürliche Neu- oder Wiederbesiedlung weiterer Lebensräume möglich. Der Klimaschutz verschmilzt hier mit dem Artenschutz.

Bild links: Dieses Gewässer im Biosphärenreservat Niedersächsische Elbtalaue wird von Überschwemmungen gespeist. Tiefe Furchen im trockenen Boden und sinkende Wasserstände zeugen davon, dass diese natürlichen Abläufe ins Wanken geraten.

Ausgelöst durch einen Temperaturanstieg begeben sich Amphibien mitunter bereits im Januar auf den Weg zu ihren Laichgewässern. Kommt es während der Wanderung zu einem Kälteeinbruch, kann auch das für die Tiere zum Problem werden. Denn dann müssen sie sich innerhalb kürzester Zeit ein neues Versteck suchen, in dem sie sicher vor dem Frost sind.

Der Einfluss der Landwirtschaft

Die Landwirtschaft hat sich in der Vergangenheit Schritt für Schritt verändert. In weiten Teilen des Landes wurde sie intensiviert und industrialisiert. Die genutzten Flächen sind dabei ebenso gewachsen wie die Maschinen, mit denen sie bewirtschaftet werden. Ackerrandgehölze verschwanden und ließen kleinteilige Ackerstrukturen zu riesigen, ungeschützten Flächen verschmelzen. Vielerorts ist dadurch eine lebensfeindliche Landschaft entstanden. Denn auf den Äckern fehlt es an Verstecken und noch dazu lauert dort die Gefahr, von Dünger und Giften überrascht zu werden. Zusätzlich werden die landwirtschaftlichen Flächen heute oft so dicht bepflanzt, dass das Leben am Boden schwindet. Der besorgniserregende Verlust von Vögeln des Offenlandes steht symbolisch für das Schicksal zahlreicher anderer Tier- und Pflanzenarten.

Dünger und Gifte

Über 350 000 Tonnen in Pflanzenschutzmitteln enthaltene Wirkstoffe werden in der EU verkauft – und das jedes Jahr. Alljährlich wandern Amphibien auf ihrem Weg zu den Fortpflanzungsgewässern durch einen giftigen Regen. Nachdem diese Gefahr lange Zeit wenig Beachtung fand, wurde mittlerweile erforscht, wie sich die Amphibienwanderung und der Gifteinsatz zeitlich überschneiden. Dabei wurde deutlich, dass die Tiere regelmäßig zeitgleich mit der Ausbringung von Glyphosat auf den Äckern unterwegs sind. Dieses für Mensch und Natur gefährliche Gift soll in Zukunft aus der Landschaft vieler Länder verschwinden, doch auf ein erfolgreiches Verbot eines Pestizids kommen etliche Pestizide, deren Einsatz weiterhin erlaubt ist. Zudem befinden sich neue Pestizide im Zulassungsverfahren. Allein in Deutschland wurden im Jahr 2020 fast 300 verschiedene Wirkstoffe eingesetzt.

Mit der Forst- und Landwirtschaft hat der Mensch seine Spuren in der Natur hinterlassen. Heute stehen wir vor der Herausforderung, wieder in Einklang mit der Natur zu wirtschaften, um die Artenvielfalt zu bewahren.

Davon sind sowohl die Amphibien als auch ihre Beutetiere betroffen. Somit werden Kröten, Frösche und Co. nicht nur direkt vergiftet, sondern auch indirekt über ihre Nahrung. Die »Krefelder Studie« aus dem Jahr 2017 hat gezeigt, dass sogar in Schutzgebieten die Masse der Insekten um bis zu 75 Prozent abgenommen hat – und das allein im Zeitraum von 27 Jahren (Daten aus dem Zeitraum von 1989 bis 2015). Diese Gebiete sollten eigentlich als rettende Inseln dem Artenschutz dienen. Damit das gelingt, ist es wichtig, sie vor schädlichen Einflüssen zu schützen. Angesichts der Belastungen, die durch die Land- und Forstwirtschaft, die Industrie und den Verkehr entstehen, ist das keine leichte Aufgabe. Denn belastende Stoffe werden auch über die Luft durch die Landschaft getragen. Völlig unverständlich ist in diesem Zusammenhang, dass es bis heute in Deutschland kein generelles Verbot für den Einsatz von Pestiziden in Schutzgebieten gibt.

Wichtig zu beachten ist, dass nicht nur Pestizide eine Gefahr für die Amphibien darstellen. Auch mineralische Dünger schädigen sie durch die Verätzung ihrer dünnen, durchlässigen Haut. Zum Beispiel wurde bei dem viel verwendeten Stickstoffdünger Kalkammonsalpeter eine Sterblichkeit der Amphibien von bis zu 100 Prozent beobachtet.

Dünger und Gifte bleiben nicht auf den Äckern. Vor allem bei Regen werden große Mengen in die umliegenden Gewässer geschwemmt. Verstärkt wird dies durch den Klimawandel. Denn landwirtschaftliche Flächen werden auch vor der Aussaat schon gedüngt. Bleibt aufgrund einer Dürre das Wachstum der Saat aus, kann der Dünger nicht von den Pflanzen aufgenommen werden und gelangt mit dem nächsten Regen in die umliegenden Gewässer.

Dadurch kann sich der Lebensraum von Amphibien dramatisch verändern: Durch die eingetragenen Nährstoffe werden die Gewässer nicht nur schneller von Pflanzen überwuchert. Auch die dort stattfindende Fortpflanzung vieler Amphibienarten wird empfindlich gestört, besonders der Laich und die jungen Larven werden geschädigt. Die Folgen reichen von einem verringerten und verlangsamten Wachstum über Missbildungen bis hin zum Sterben des Nachwuchses. Nach der guten fachlichen Praxis in der Landwirtschaft soll die Einspülung von Nährstoffen vermieden werden. Doch tatsächlich ist die Praxis eine andere: Wie dramatisch auf Kosten der Natur gewirtschaftet wird, zeigt der »Gülletourismus« der in den letzten Jahren für Schlagzeilen gesorgt hat. Die Ausbringung von Gülle wurde von der Politik beispielsweise in den Niederlanden begrenzt. Das hat dazu geführt, dass Landwirte etwa aus Deutschland und der Schweiz dafür bezahlt werden, große Mengen davon auf ihren Flächen auszubringen. So werden die Begrenzungen in Ländern mit strengeren Regeln umgangen, ohne dass dort weniger Gülle anfällt – lediglich der Ort, wo sie in die Natur gelangt, ändert sich. Das belastet auch das Umland. Denn der Wind bläst den Stickstoff in weit entfernte natürliche Lebensräume und sorgt dort für eine Überdüngung und damit die Schädigung oder sogar das Sterben zahlreicher Lebewesen.

In den Fortpflanzungsgewässern verursachen neben dem Dünger auch die Gifte Schäden. Im Freiland konnte nachgewiesen werden, dass vor allem nach starken Niederschlägen hohe Konzentrationen davon in an Äcker angrenzenden Gewässern zu finden sind. Laich, der sich darin befindet, nimmt die Gifte rasch auf. Schlimmstenfalls schlüpfen dadurch deutlich weniger Larven.

Mahd

Das Gesicht der Äcker wandelt sich im Laufe des Jahres. Während sie in der warmen Jahreszeit oft von einem dichten, grünen Teppich bedeckt sind, bleibt nach der Ernte nur karger Boden übrig. Dieser kontrastreiche Lebensraum stellt die Amphibien vor große Herausforderungen.

Doch auch landwirtschaftliche Flächen, auf denen der jahreszeitliche Wandel weniger deutlich ist, bergen Gefahren. Auf Wiesen wimmelte es früher vielerorts vor Amphibien. Zwischen den Gräsern fanden sie Schutz vor Feinden und Insekten als Nahrung. Diese bunten Lebensräume, in denen es summte und brummte, sind durch die intensivierte Nutzung selten geworden.

Heute werden Wiesen häufig gedüngt und gemäht, um möglichst viel Nahrung für die Tierhaltung zu erlangen. Dieses Intensivgrünland ist arm an Pflanzen- und Insektenarten. Der Dünger erstickt die Vielfalt und die intensive Nutzung verhindert, dass sich die Arten vermehren können. Mit den Insekten verschwinden auch die Tiere, die von ihnen leben. Zwitschernde Wiesenbrüter sind ebenso selten geworden wie hüpfende Frösche. Doch durch die Extensivierung der Nutzung, bei der nur ein- oder zweimal im Jahr gemäht wird, kann die Artenvielfalt zurückkehren.

Nichtsdestotrotz bleiben die großen Maschinen, die über die Wiesen rollen, eine Gefahr für die Amphibien. Leicht können sie unter die breiten Räder geraten oder von den scharfen Messern des Mähwerks verletzt werden. Neben dem selteneren Mähen lassen sich die Tiere auf andere Weise schützen: Zum einen schaden ihnen leichte Maschinen mit einem Balkenmähwerk weniger als schwere mit beispielsweise einem Kreiselmähwerk. Indem nicht zu nah am Boden geschnitten wird, sinkt die Verletzungsgefahr zusätzlich. Zum anderen ist es wichtig, den Tieren die Möglichkeit zur Flucht zu geben. Deswegen wird empfohlen, entweder von innen nach außen statt von außen nach innen zu mähen oder in Streifen, an einer Seite beginnend. Bei größeren Flächen sollten einzelne Bereiche ausgespart werden, sodass eine Mosaik- oder Streifenform entsteht. Außerdem sollte das Mahdgut mehrere Tage liegen bleiben. Auch das ermöglicht ihnen das Flüchten in die sichere Umgebung.

Breite Gehölzstreifen bilden einen Puffer zwischen landwirtschaftlichen Flächen und den Lebensräumen in Sielmanns Naturlandschaft Groß Schauener Seen (o. li.). Sogar in mit Wasser gefüllten Fahrspuren auf Wald- und Feldwegen pflanzen sich Amphibien wie die Gelbbauchunke fort (o. re.). Solche temporären Gewässer entstanden früher oftmals in Flussauen. Deren Renaturierung bringt diese natürliche Dynamik zurück (unten).

Grünstreifen und Gehölzstreifen

Inmitten unserer Kulturlandschaft bieten Grün- und Gehölzstreifen wertvolle Rückzugsräume. Gelegen zwischen den landwirtschaftlichen Flächen sowie den Lebensräumen an Land und im Wasser, bieten sie Schutz vor schädlichen Einflüssen. Denn durch diese Pufferstreifen wird ein Teil der Dünge- und Pestizidmittel abgefangen. Zudem vermindern sie die Bodenerosion: Wenn auf den Äckern der schützende Bewuchs mit Pflanzen fehlt, wird die Erde leicht vom Regen mitgerissen. Vielerorts wird bis zum letzten Meter an den Ufern geackert, wodurch die Erde mitsamt der Dünge- und Pestizidmittel ungehindert in die Gewässer gelangt – die Gewässer verschlammen. Langfristig gehen sie dadurch als Fortpflanzungsgewässer für Amphibien verloren. Um das zu verhindern, sollte sich um ein Gewässer herum ein Pufferstreifen von mindestens 10 bis 20 Meter Breite befinden.

Doch Grün- und Gehölzstreifen können nicht nur als schützender Gürtel, der die Lebensräume der Amphibien umgibt, genutzt werden. Sie können auch die Gestalt eines dichten Netzes annehmen und als Brücken zwischen den Lebensräumen dienen. Früher war die Kulturlandschaft geprägt von einem Mosaik aus kleinen Feldern, Wiesen und Weiden. Als Trennung dienten dichte Hecken und sich schlängelnde Bäche. Im Rahmen der Flurbereinigung, bei der die kleinen Flächen zu großen zusammengelegt wurden, schwanden diese wertvollen Rückzugsräume. Indem wir ihnen wieder einen Platz in der Landschaft geben, können wir die Vernetzung von Lebensräumen und die Artenvielfalt in Zukunft fördern. Dann finden Amphibien im Schatten von Bäumen und Sträuchern einen geschützten Weg, um neue Gebiete zu besiedeln. Zugleich bieten ihnen Totholz- und Steinhaufen sichere Verstecke. Diese Gehölzstreifen nutzen nicht nur der Artenvielfalt, sondern auch der Landwirtschaft. Denn unter anderem durch den Schutz des Bodens vor Erosion und die verbesserte Verfügbarkeit von Wasser steigt der Ertrag der Felder.

Gewässer

Genauso wie Grün- und Gehölzstreifen verschwanden auch Gewässer aus der Kulturlandschaft. Für die landwirtschaftliche Nutzung wurden Feuchtwiesen trockengelegt und Tümpel zugeschüttet. Noch dazu verlandeten viele Gewässer durch den eingeschwemmten Boden: Schritt für Schritt wurde das

Wasser in ihnen flacher, bis sie schließlich endgültig für Amphibien verloren gingen. Hinzu kamen die Herausforderungen aufgrund des Einsatzes von Dünger und Giften. Angesichts der Klimakrise ist es heute wichtiger denn je, Gewässer zu erhalten und zu fördern. In trockenen Jahren kann man förmlich dabei zusehen, wie das Wasser in den Laichgewässern der Amphibien schwindet. Trocknen sie aus, ist das Schicksal der nächsten Generation besiegelt. Und wenn sie auch in den nachfolgenden Jahren zu wenig Wasser führen, kann eine Amphibienart vor Ort sogar aussterben.

Einzelne Arten wie die Gelbbauchunke sind auf das Austrocknen von Gewässern spezialisiert und verteilen ihren Laich auf mehrere Gewässer. Dadurch verringern sie die Gefahr, dass der Nachwuchs eines Jahres vollständig stirbt. Andere Amphibienarten suchen neue Gewässer auf, wenn ihre angestammten Lebensräume verloren gehen. In beiden Fällen braucht es ein Netz aus geeigneten Laichgewässern, damit die Tiere auf die Veränderungen reagieren können. Viele von ihnen können auf der Suche nach neuen Lebensräumen nur kurze Strecken wandern. Damit die Suche erfolgreich ist, braucht es somit eng vernetzte Amphibienlebensräume. Jedes Gewässer – ob in der Stadt oder auf dem Land – leistet dabei einen unschätzbaren Beitrag.

Lebensräume – schaffen und schützen

Vielerorts schaffen Naturschützer Ersatz für verlorene Lebensräume. Die Möglichkeiten, den Amphibien zu helfen, sind so vielfältig wie ihre natürliche Heimat. Vieles davon lässt sich auch in Siedlungen umsetzen, weshalb sich der letzte Abschnitt dieses Buches um den Amphibienschutz im Garten dreht. Indem wir Lebensräume schaffen, können wir den Tieren eine neue Heimat bieten. Doch dabei sollten wir nicht vergessen, dass sie damit auf uns angewiesen sind. Wo Teiche in Gärten oder Pfützen in Tagebauen entstehen, braucht es Menschen, die sie pflegen und dadurch erhalten. Sich selbst überlassen, erobert die Natur die Lebensräume schnell – Bäume wachsen, Laub fällt ins Wasser und die Gewässer sind bald für die Amphibien verloren. Doch über Jahrmillionen sind die Amphibien und ihre Vorfahren ohne unsere Hilfe zurechtgekommen. Denn die Natur lässt Lebensräume stets aufs Neue entstehen. Und das auch heute noch, wenn wir es zulassen.

Bild rechts: Das LIFE-Projekt AmphibienVerbund der Biologischen Station StädteRegion Aachen e. V. schafft ein Netz aus Lebensräumen für bedrohte Amphibienarten wie Gelbbauchunke, Geburtshelferkröte und Kreuzkröte.

Die großen Tiere helfen den kleinen: Der Biber erschafft durch das Aufstauen von Gewässern (oben) artenreiche Überschwemmungsflächen und das Wildschwein sorgt mit seinen Suhlen für temporäre Fortpflanzungsgewässer im Wald (unten).

Lebensräume – den natürlichen Wandel schützen

Starke Tiere und launische Naturgewalten bilden die Basis für das Leben der Amphibien. Sie sorgen dafür, dass sich die Landschaft im Wandel befindet. Lange Zeit, bevor der Mensch die Flüsse in ein enges Korsett zwängte, boten die Auen wertvolle Lebensräume für die heimische Amphibienwelt. Durch die alljährlichen Überschwemmungen entstanden Tümpel, in denen ihr Nachwuchs heranwachsen konnte.

Oft trockneten sie im Laufe des Jahres aus und füllten sich erst im nächsten Frühjahr erneut. Dadurch waren ihre kleinen Bewohner geschützt vor nimmersatten Fischen und anderen Feinden, die sich erst in beständigen Gewässern allmählich ansiedeln.

Auch Amphibienarten wie die Kreuzkröte, die an nackte Böden gebunden sind, wurden in den natürlichen Auenlandschaften fündig. Die gewaltigen Fluten änderten regelmäßig das Gesicht der Flüsse. Wo die Kraft des Wassers Bäume und Erde mit sich riss, entstanden im offenen Boden Verstecke für sie.

Ein Bewohner von kleinen Bächen und großen Seen ist ein heimlicher Helfer der Amphibien: Nachdem der Biber an den Rand der Ausrottung gebracht wurde, konnte er durch intensive Schutzmaßnahmen in seine Heimat zurückkehren. Heute gestaltet er als Baumeister mit Biss unsere Landschaft. Wie kaum ein anderer sorgt er damit für abwechslungsreiche, artenreiche Regionen. Denn indem der Biber Bäume fällt und Dämme baut, schafft er nicht nur einen Lebensraum für sich selbst, sondern auch für zahlreiche andere Arten. Die durch seine Dammbaukunst geschaffenen Biberteiche beherbergen oftmals alle Amphibienarten, die in der jeweiligen Region vorkommen – und das trotz der unterschiedlichen Ansprüche an ihren Lebensraum.

Nach wie vor ist der Lebensraumverlust die größte Bedrohung für unsere heimische Amphibienwelt. Der Beitrag des Bibers durch die Gestaltung natürlicher Fließgewässer ist unschätzbar, denn dadurch sorgt er für einen der wichtigsten Amphibienlebensräume hierzulande. Somit sollten wir ihn als Naturschützer an unserer Seite schätzen und ihm Platz für sein Schaffen lassen.

Auch ein Bewohner der Wälder trägt zum Schutz der Amphibien bei: Das Wildschwein schafft durch sein Suhlen und Wühlen in der Erde flache Mulden. Dadurch entstehen Fortpflanzungsgewässer für Amphibienarten wie die Gelbbauchunke, die von kleinen, bisweilen austrocknenden Kinderstuben abhängig sind. Das seichte Gewässer ermöglicht durch die rasche Erwärmung

Auch das Sterben von Bäumen nutzt den im Wald lebenden Amphibien. Wo einer der Riesen seinen Halt verliert, kann in der Vertiefung, die sein Wurzelteller hinterlässt, ein begehrtes Gewässer entstehen (li.). Sogar dort, wo vor langer Zeit Bomben einschlugen, finden Lurche heute einen Lebensraum (re.).

ein schnelles Heranwachsen des Nachwuchses. Noch dazu bietet es Schutz vor Feinden, die sich aufgrund des Trockenfallens seltener im Wasser ansiedeln.

Flache Gewässer gehen in der Landschaft leicht verloren. Denn schnell sammeln sich Erde aus der Umgebung und Laub von den umstehenden Bäumen darin – schleichend wird es überwachsen und verschwindet schließlich restlos. Das Wildschwein verhindert gemeinsam mit anderen großen Wildtieren diesen Verlust. In Wäldern und auf Wiesen, die von der Kraft des fließenden Wassers unerreicht bleiben, bilden die Tiere einen wichtigen Beitrag für den Erhalt der Amphibien.

Ob Wildschwein oder Biber, Wisent oder Hirsch: Sie gestalten gemeinsam unsere Landschaft und sorgen für Lebensräume im Wandel, die ein wertvoller Bestandteil einer artenreichen Natur sind.

Bild rechts: Auf ihrer Wanderung stehen Amphibien wie die Erdkröte der Gefahr durch den Straßenverkehr gegenüber. Glücklicherweise vielerorts nicht schutzlos.

Ihre Wanderungen schützen

Amphibien legen auf ihren Wanderungen weite Wege zurück. Mitunter überwinden sie mehrere Kilometer und laufen dabei über Wiesen, durch Wälder oder schwimmen sogar durch Flüsse. Bis sie an ihrem Ziel ankommen, begegnen ihnen zahlreiche Gefahren. Heute ziehen sich nicht nur blaue Flüsse, sondern auch graue Bänder durch die Landschaft. Auf ihnen bewegen sich mit rasantem Tempo gefährliche Ungetüme aus kaltem Metall. Sie sind eine Bedrohung für die kleinen Wanderer, die versuchen, die Straße zu überwinden. Obwohl keine Mauern den Weg versperren, bilden sie eine Barriere. Jahr für Jahr endet hier die Reise zahlreicher Amphibien. Der Straßenverkehr gehört zu den größten Gefahren für unsere heimische Amphibienwelt. Allein in Deutschland umfassen die Straßen nach Schätzungen des Bundesministeriums für Verkehr und digitale Infrastruktur (BMVI) eine Länge von rund 830 000 Kilometern. Das ist länger als der Weg von der Erde zum Mond und zurück!

Nur langsam können die Tiere die Straße passieren. Deswegen wird bereits bei einer geringen Verkehrsdichte ein großer Teil von ihnen getötet. Viele von ihnen sterben nicht, weil sie unter die Räder, sondern weil sie zwischen die Räder geraten. Neben den Reifen stellt nämlich auch der von den Fahrzeugen erzeugte Unterdruck eine Gefahr dar. Mit steigender Geschwindigkeit erhöht sich der herrschende Druck zwischen ihnen und der Straße. Der wirkt sich auf den Körper der Tiere aus. Schlimmstenfalls können dadurch die Organe tödliche Verletzungen erleiden.

Deswegen finden wir während der Amphibienwanderung Straßenschilder, die das Tempo begrenzen. Indem nur mit einer Geschwindigkeit von bis zu 30 Kilometer pro Stunde gefahren wird, können wir verhindern, dass durch den Unterdruck Tiere Schaden nehmen. Außerdem lassen sich Amphibien dadurch leichter auf der Fahrbahn entdecken. Einen kleinen Bogen zu fahren oder anzuhalten, um ein Tier von der einen auf die andere Straßenseite zu tragen, kann nicht nur ein Leben retten, sondern sogar mehrere. Nur wer nämlich nach dem langen Weg das Fortpflanzungsgewässer erreicht, ermöglicht das Entstehen einer neuen Generation.

Die Straßen ziehen sich als bedrohliche Hindernisse durch die Amphibienlebensräume. Oft bleiben nur kleine Inseln zum Leben. Die Amphibienvorkommen leiden unter der Zerstückelung der Landschaft, da die Tiere nur in großen, zusammenhängenden Gebieten die Möglichkeit haben, neue Lebensräume zu besiedeln und andere Partner zu finden. Letzteres ist aufgrund des genetischen Austausches für das Fortbestehen eines Vorkommens überlebenswichtig. Denn Isolation kann dazu führen, dass sich die Amphibien vor allem an sich ändernde Umweltbedingungen schlechter anpassen können. Somit ist auch die Vernetzung ein wichtiger Aspekt im Schutz der Amphibienarten.

Neben ihrer trennenden Wirkung beeinträchtigen Straßen die Amphibien auch auf weitere Weisen. Zum Beispiel wirken sich der Schadstoffausstoß und die Lichtverschmutzung negativ auf die Tiere und ihre Lebensräume aus. Auch die Lärmverschmutzung beeinträchtigt die heimische Amphibienwelt. Untersuchungen zufolge kann es dadurch zu einer Verlangsamung der Wanderung, einer Erhöhung der Stresshormone und einer Schwächung des Immunsystems kommen. Eine Verkehrswende, die zum Ziel hat, dass weniger und noch dazu geräuschärmere Fahrzeuge auf den Straßen unterwegs sind, würde unseren Amphibien in vielerlei Hinsicht helfen.

Damit der Straßenverkehr allenfalls für einen Zwischenstopp sorgt, sind vielerorts Schutzanlagen im Einsatz. Ob vorübergehende Amphibienschutzzäune – auch Krötenzäune genannt – oder dauerhafte Amphibienleitanlagen: Mit ihnen lässt sich der Tod vieler Tiere verhindern.

Amphibienschutzzaun

Wenn im Frühjahr die Tiere ihre Verstecke verlassen, fängt die Arbeit der Amphibienschützerinnen und -schützer an. Bereits in den ersten Wochen des Jahres kann die Wanderung beginnen und die Tiere zu den Straßen führen. Damit ist die Zeit für den Aufbau der Amphibienschutzzäune gekommen.

Oft sind es Anwohnerinnen und Anwohner, die auf den Straßentod ihrer kleinen Nachbarn aufmerksam werden und gemeinsam mit Naturschutzorganisationen den Aufbau von Schutzzäunen anregen. Damit er die Tiere schützen kann, ist es wichtig, vorab festzuhalten, wo sie die Straße überqueren. Doch es stellt sich nicht nur die Frage, wo der Zaun aufgebaut werden sollte,

Bild links: Neben den Erdkröten sind auch Grasfrösche ein häufiger Gast an Amphibienschutzzäunen.

sondern auch wie. Denn die Amphibienarten gehen unterschiedlich damit um. Während Erdkröten versuchen, das Hindernis zu umwandern, überwinden Laubfrösche es mithilfe ihrer Saugnäpfe oft mit Leichtigkeit. Ob der Zaun niedrig oder hoch, aus einem glatten oder groben Material sein sollte, hängt somit nicht zuletzt von den vorkommenden Arten ab.

Im Schnitt ist der Zaun 40 bis 60 Zentimeter hoch. Das undurchsichtige Gewebe wird an der unteren Kante etwa 10 Zentimeter tief im Boden eingegraben, damit sich die Amphibien nicht darunter hindurchgraben. Neben diesem Untergrabungsschutz ist auch ein Überkletterschutz möglich, indem die obere Kante in Form eines Überhanges gebogen wird. Wenn die Amphibien versuchen, den Zaun, der ihren Weg versperrt, zu umwandern, fallen sie in die eingegrabenen Eimer. Sie befinden sich im Abstand von etwa 10 Metern in der Erde. Löcher im Boden bewirken, dass sich darin bei Regen kein Wasser sammelt und die Tiere nicht ertrinken. Stöcke in den Eimern ermöglichen Kleinsäugern und anderen Tieren außerdem das Herausklettern.

Der Zaunaufbau wird vielerorts von Ehrenamtlichen geleistet. Die vor allem anfänglich hohen Kosten für das benötigte Material hat dabei der Baulastträger zu begleichen. Oft ist es die zuständige Behörde des Bundeslandes, des Landkreises oder der Kommune, die nach dem Bundesnaturschutzgesetz verpflichtet ist, vermeidbare Beeinträchtigungen zu unterlassen und unvermeidbare durch Naturschutzmaßnahmen auszugleichen. Im Fall einer Straße ist die Beeinträchtigung mit ihrem Bau bereits entstanden, weshalb es hier um einen Ausgleich, zum Beispiel durch einen Amphibienschutzzaun, geht.

Nicht nur der Aufbau, auch die Betreuung des Zaunes wird in der Regel in ehrenamtlicher Arbeit geleistet. Das ist mit einem nicht zu unterschätzenden Aufwand verbunden. Denn mehrmals am Tag müssen die Eimer kontrolliert und die Tiere über die Straße gebracht werden. Glücklicherweise gibt es zahlreiche Menschen, die sich für den Schutz der Amphibien einsetzen und bei Wind und Wetter für ihre sichere Wanderung sorgen. Wer diese wertvolle Arbeit unterstützen möchte, kann sich an die Naturschutzorganisationen vor Ort wenden. Helfende Hände werden hier häufig benötigt!

Gibt es vor Ort noch keine Gruppe, kann eine solche selbstverständlich auch gegründet werden. Ob man sich dabei einer großen Naturschutzorganisation anschließt, einen kleinen Verein oder eine Initiative gründet, ist dabei Nebensache. Helfen können wir alle und am besten geht das gemeinsam.

Während Amphibienschutzzäune (links) einen zeitweiligen Schutz bieten, sichern Amphibienleitanlagen (rechts) dauerhaft den Weg auf die andere Straßenseite.

Amphibienleitanlage

Bei der Arbeit am Amphibienschutzzaun lassen sich auch Informationen darüber sammeln, wie viele Tiere und welche Arten dort Standort wandern. Damit kann eine wichtige Basis für den Bau einer dauerhaften Amphibienleitanlage geschaffen werden. Denn diese bietet vielerlei Vorteile gegenüber einem Schutzzaun: Zum einen schützt ein Zaun in der Regel nur die Hinwanderung zum Laichgewässer, nicht aber die sich über lange Zeit ziehende Rückwanderung. Somit sterben dennoch zahlreiche Tiere beim Überqueren der Straße. Eine Leitanlage ermöglicht in beide Richtungen das sichere Überwinden des Hindernisses. Zum anderen fällt der Betreuungsaufwand bei einer Leitanlage deutlich geringer aus, da die Tiere ohne Hilfe wandern können, wodurch die täglichen Kontrollen entfallen können. Das Bestehen eines vorübergehenden Amphibienschutzzaunes sollte also nicht über den Bedarf zur Umsetzung einer dauerhaften Amphibienleitanlage hinwegtäuschen.

Amphibienleitanlagen haben in der Regel die Form eines Tunnels, der unter der Straße hindurchführt. Heute gibt es eine Vielzahl unterschiedlicher Bauweisen. Welche davon am besten geeignet ist, hängt sowohl von dem Gelände als auch von den Arten ab, die die Leitanlage nutzen sollen. Somit sollte dem Bau eine fachliche Prüfung vor Ort vorweggehen.

Amphibien als Botschafter für den Naturschutz

Die massenhaften Wanderungen, die sich jedes Jahr ereignen, gehören zu den beeindruckendsten Ereignissen in der Welt der Amphibien. Oft werden dadurch Menschen das erste Mal auf die Tiere aufmerksam. Denn sie leben zwar in unserer Nachbarschaft, halten sich aber vorwiegend im Verborgenen auf. Der Amphibienschutz bietet vor Ort die Gelegenheit, in diese unbekannte Welt einzutauchen und ihre Bewohner besser kennenzulernen. Gemeinsam kann das Überleben unzähliger winziger Wanderer gesichert werden. Gleichzeitig lässt sich lernen, wie die Amphibienarten aussehen und wie sie sich unterscheiden lassen. Doch durch die Arbeit im Amphibienschutz lässt sich nicht nur Wissen über die Tiere gewinnen, sondern auch über ihre Lebensräume. Damit dienen sie als Botschafter für den Naturschutz. Und das nutzt nicht nur den Amphibien – wo ein natürliches Gewässer, ein urtümlicher Wald oder eine schützende Hecke entstehen oder bestehen kann, werden Lebensräume für eine vielfältige Tierwelt geschützt.

Am Amphibienzaun haben Naturinteressierte die Gelegenheit, andere Interessierte zu treffen und sich gemeinsam für den Schutz der Natur einzusetzen. Somit kann der Amphibienschutz zugleich ein verbindendes Naturerlebnis bieten, das für Groß und Klein gleichermaßen unvergesslich ist.

Bild rechts: Der Seefrosch lässt seine keckernden Rufe ertönen.

Krankheiten

Über 7000 Amphibienarten sind weltweit bekannt. Schon heute ist mehr als ein Drittel von ihnen vom Aussterben bedroht. Seit Jahrzehnten ist die globale Amphibienkrise bekannt, doch über die Ursachen wurde lange gerätselt. Heute wissen wir, dass unterschiedliche Gründe dafür verantwortlich sind: Neben der Klimakrise und dem Lebensraumverlust sind es insbesondere Krankheiten, die den Amphibien zu schaffen machen.

Batrachochytrium dendrobatidis (Bd) hat ein weltweites Massensterben verursacht. Der Chytridpilz wird auch als Froschfresser-Pilz bezeichnet und verursacht eine Chytridiomykose bei Amphibien, also eine Pilzerkrankung. Über die Haut der Tiere dringt er ein, stört die darüber stattfindenden Körperfunktionen und kann sie dadurch früher oder später töten. Doch nicht bei allem Amphibienarten hat er die gleichen Folgen. Und auch von Gebiet zu Gebiet kann sich die Erkrankung unterschiedlich auswirken.

In den 1990er-Jahren wurde der Pilz erstmals als Ursache dafür gefunden, dass in scheinbar unberührten Gebieten ganze Landstriche ihrer Amphibienbestände beraubt wurden. Nachdem der Chytridpilz zunächst in Amerika und Australien identifiziert wurde, ist er heute auf allen Kontinenten außer der Antarktis verbreitet. Auch in Deutschland, Österreich und der Schweiz wurde der Pilz nachgewiesen. Dort waren die Folgen bislang insgesamt weniger schwerwiegend als in anderen Teilen der Welt. In der Forschung geht man allerdings davon aus, dass der Klimawandel die Gefahr erhöht, dass Krankheiten wie die Chytridiomykose zu großen Verlusten in der heimischen Amphibienwelt führen.

Seinen Ursprung hat der Chytridpilz bereits lange vor den 1990er-Jahren. Der für das globale Amphibiensterben mitverantwortliche Krankheitserreger geht nach heutigen Erkenntnissen aus zwei weiteren Linien des Chytridpilzes hervor. Dass dadurch die verheerende Krankheit entstehen und sich in der Welt ausbreiten konnte, wird auf den globalen Handel mit Amphibien zurückgeführt.

Batrachochytrium salamandrivorans (Bsal) hat in den letzten Jahren hierzulande für Aufsehen gesorgt. Wie Bd ist er ein Chytridpilz, doch im Gegensatz zu Bd führt Bsal nicht bei Froschlurchen, sondern bei Schwanzlurchen zu großen Verlusten. Erstmals wurde der Pilz 2013 bei Tieren in Belgien beschrieben. In den nachfolgenden Jahren hat er unter dem Namen »Salamanderfresser-Pilz« zu Massensterben von Feuersalamandern in Belgien und in den Niederlanden geführt. 2015 wurde er erstmals in Deutschland nachgewiesen. Heute wissen wir durch die Untersuchung konservierter Feuersalamander, dass der Pilz bereits mindestens seit dem Jahr 2004 hierzulande vorkommt. Ursprünglich hat der Krankheitserreger offenbar durch den Tierhandel von Asien aus seinen Weg nach Europa gefunden.

Bsal befällt wie Bd die Haut der Tiere und sorgt dort für Verletzungen. Im fortschreitenden Krankheitsverlauf frisst der Pilz richtiggehend Löcher hinein, die bei näherer Betrachtung leicht ins Auge fallen. In der Regel endet die Erkrankung bei Feuersalamandern innerhalb kurzer Zeit mit dem Tod. Zwar konnten mit dem Pilz befallene Tiere mithilfe einer Wärmebehandlung erfolgreich geheilt werden, doch um die Feuersalamander in der Natur zu bewahren, braucht es einen wirksamen Schutz in ihren natürlichen Lebensräumen.

Bild links: Der Laubfrosch ruht in der Sonne und lässt sich von den lautstarken Rufen der benachbarten Unken nicht stören.

Mit besorgniserregender Geschwindigkeit hat sich Bsal in den letzten Jahren ausgebreitet. Eine Ursache dafür ist die Verbreitung durch uns Menschen. Denn wenn wir uns in Wäldern oder an Bächen bewegen, sammeln wir, ohne es zu merken, Pilzsporen und verschleppen sie in andere Gebiete. Um das zu verhindern, ist es wichtig, dass wir und unsere tierischen Begleiter auf den Wegen bleiben. Außerdem sollten die Schuhe vor dem Wechsel zwischen den Gebieten gründlich von Erde befreit und mit 70-prozentigem Alkohol (zum Beispiel mit Brennspiritus) behandelt werden. Damit die empfindlichen Bewohner der Wälder und Bäche durch den Alkohol keinen Schaden nehmen, sollte die Desinfektion abseits ihrer Lebensräume erfolgen. Auch am Amphibienzaun ist der Schutz vor Krankheiten wichtig. Nicht nur die Schuhe sollten behandelt werden, um keine Krankheitserreger zum oder vom Standort zu verbreiten. Auch die verwendeten Zaunmaterialien wie die Eimer und das Zaungewebe sollten vor dem Aufbau desinfiziert werden – vor allem, wenn die Materialien von Jahr zu Jahr an unterschiedlichen Standorten genutzt werden. Dadurch lässt sich die Gefahr einer Ansteckung unter den Amphibien deutlich verringern.

Neben den Pilzen Bd und Bsal hat unsere heimische Amphibienwelt noch mit anderen Krankheiten zu kämpfen. Hier ist zum Beispiel das Ranavirus zu nennen, das ebenfalls als eine Ursache für den globalen Amphibienrückgang gilt. Hierzulande leiden die Amphibien auch unter Herpesviren. Sowohl bei Grasfröschen und Moorfröschen als auch bei Knoblauchkröten wurden Infektionen mit diesem Virus in der heimischen Natur entdeckt.

Nicht nur die ausgewachsenen Amphibien, auch der Nachwuchs kann erkranken. Ein häufiger Grund für das Sterben der Eier ist der Befall durch Pilze. Schon lange kennt man in Gewässern verpilzte Laichballen, die durch den weißlichen, watteartigen Belag auffallen. Eine Ursache dafür liegt in der Veränderung des pH-Werts in den Gewässern durch den vom Menschen verschuldeten Eintrag von zum Beispiel Stickstoff und Schwefel.

Um die Amphibienwelt vor Krankheiten zu schützen, ist der Schutz der Natur und des Klimas unerlässlich. Denn nur wo die Tiere einen intakten Lebensraum und ein für sie gesundes Klima finden, sind sie bestmöglich gegen Krankheitserreger gewappnet. Im Laufe der Zeit können sich Amphibien mit Gefahren arrangieren. Deswegen sind nicht alle Krankheiten eine Bedrohung für sie. Doch auf neue Erreger sind sie nicht vorbereitet.

Wie kaum eine andere Amphibienart hat der Feuersalamander in den letzten Jahren für Aufsehen gesorgt. Er bezeugt die Verwundbarkeit der Amphibienwelt und begeistert gleichzeitig Generationen für ihren Schutz.

Umso wichtiger ist es somit, dass keine Tiere durch den weltweiten Handel in andere Gebiete gelangen. Außerdem sollten Amphibien weder aus ihrer Heimat herausgenommen werden noch in die Natur ausgesetzt werden. Denn dadurch können Krankheiten leicht verbreitet und zur Gefahr für die dort lebenden Tiere werden. Die Wiederansiedlung von Amphibienarten darf nur durch Fachleute mit der Genehmigung der zuständigen Behörden durchgeführt werden. Wer sich für diese Arbeit interessiert, findet zum Beispiel bei Biologischen Stationen Menschen, die einen Blick in die Welt des beruflichen Amphibienschutzes gewähren können.

Lebensräume im Garten

Amphibien im Garten

Die letzten Sonnenstrahlen des Tages lassen das Wasser glitzern. Frösche stimmen das abendliche Konzert an und um sie herum schwirren Libellen, die fliegenden Edelsteinen gleichen. Ein Teich im Garten ist eine Oase und zugleich eine Arche für Amphibien, Insekten und andere Tiere. Zudem haben wir an diesem Ort die Möglichkeit, die Natur vor der Haustüre zu erleben.

Wer an Amphibienschutz im Garten denkt, hat wohl einen Teich vor Augen. Doch es gibt viele weitere Möglichkeiten, Lebensräume zu schaffen. Ob sich Amphibien vor der Haustür ansiedeln, hängt nicht nur von den angebotenen Kleinlebensräumen ab. Auch ihr Vorkommen in der näheren Umgebung ist entscheidend. Wo sie in der Nachbarschaft leben, lassen sie sich früher oder später auch im Garten nieder. Vor allem häufigere Arten wie Erdkröte und Teichmolch können als Nachbarn begrüßt werden. Doch auch seltenere Arten wie Feuersalamander oder Laubfrosch bewohnen naturnahe Gärten. Sogar in Städten kann es in kleinen Gewässern vor Leben nur so wimmeln.

Teich

Ein Gartenteich kann Amphibien einen wertvollen Rückzugsraum bieten. Denn Wasser ist für die in unseren Siedlungen lebenden Tiere ein rares Gut. Damit ein Gewässer zum Geburtsort für eine neue Generation werden kann, sollte es nach dem Vorbild der Natur gestaltet sein.

Eine lange, geschwungene Uferlinie bietet den Amphibien Raum zum Sonnen, Ruhen und Verstecken. Bei der Formgebung lohnt sich eine Nachahmung des natürlichen Angebots. Eine Kombination aus steilen und flachen Bereichen erfüllt unterschiedliche Ansprüche: In flachen, sich schnell erwärmenden Wasserzonen wächst der Nachwuchs rasch heran. In tiefen Zonen können sich die Amphibien verbergen und vor Frost geschützt überwintern. Deswegen sollte die Tiefe dort bei mindestens 100 bis 150 Zentimetern liegen (prinzipiell ist die Überwinterung auch in flacheren Zonen möglich – das hängt unter anderem davon ab, ob und wie lange das Gewässer zugefroren ist).

Ein Gartenteich kann Kinderstube für Amphibien und Erlebnisort für Groß und Klein sein.

Bei einer 20 bis 100 Quadratmeter großen Wasseroberfläche kann der Teich leicht zum Wohnort für zahlreiche Amphibien werden. Doch auch kleinere Gewässer können wertvoll für die Fortpflanzung sein. Jeder Teich zählt! Denn ob klein oder groß, flach oder tief – durch die unterschiedlichen Ansprüche kann jedes Gewässer zum Lebensraum für Amphibien werden und damit zu ihrem Schutz beitragen. Wo das möglich ist, kann ein Stockwerkbau durch die Kombination von flachen Uferregionen und tiefen Bereichen der Vielfalt in der heimischen Amphibienwelt gerecht werden und ermöglichen, dass unterschiedliche Bewohner nebeneinander leben.

Auch über abwechslungsreichen Bewuchs mit Pflanzen freuen sich die Amphibien. In bewachsenen Bereichen können Molche ihre Eier ablegen und sie im dichten Blätterwald verbergen. Andere Arten bevorzugen vegetationsarme Gewässer, weshalb auch karge, mit Sand oder Steinen bedeckte Bereiche wichtig sind. Eine dichte Vegetation am Gewässerrand, wie ein Schilf- oder Röhrichtgürtel, bietet Rückzugsorte. Damit dennoch genug Sonne für wärmeliebende Arten auf das Gewässer fällt, sollte es allerdings nicht zu stark zuwachsen. Ob an Land oder im Wasser: Vielfältige heimische Pflanzenarten bieten den Amphibien einen naturnahen Lebensraum. Um unsere Natur zu schützen, ist es wichtig, die Pflanzen nicht aus der freien Landschaft zu entnehmen, sondern aus verantwortungsvollen Quellen zu beziehen.

Gewässer für Amphibien lassen sich mit unterschiedlichen Materialien gestalten. Um eine Belastung durch Giftstoffe zu verhindern, ist die sorgsame Auswahl bedeutsam. Als Teichfolien werden beispielsweise solche aus Naturkautschuk oder EPDM (Ethylen-Propylen-Dien-Kautschuk) empfohlen. Das schützt die sensiblen Amphibien bei ihrem Aufenthalt im und am Gewässer. Damit die Folie nicht beschädigt wird, kann man sie mit Vliesstoff, der unter und gegebenenfalls auch über ihr liegt, schützen. Boden und Rand des Gewässers lassen sich beispielsweise mit Naturstein gestalten. Dieses Material fügt sich nicht nur schön in einen Naturgarten ein, sondern kann auch ein aus ökologischer und sozialer Sicht wertvoller Rohstoff sein. Wichtig dabei ist, dass das Gestein aus verantwortungsvollem, lokalem oder entsprechend zertifiziertem Abbau stammt. Daneben ist auch die Nutzung von tonhaltigem Material möglich. Allerdings ist dieser Untergrund anfällig für Frost- und Trockenrisse. In Hinblick darauf, dass auch unsere Gärten von Dürreperioden betroffen sind, sollte das bei der Planung des Gewässers berücksichtigt werden.

Auch das naturferne Material Beton ist vertretbar, weil es sich leichter reinigen lässt und damit die Langlebigkeit des Gewässers höher ist. Schließlich haben alle genannten Materialien auch gravierende Nachteile. Zum Beispiel wird auch für die Kautschukgewinnung aufgrund der gestiegenen Nachfrage großflächig Regenwald abgeholzt, wodurch dieses natürliche Material zur Naturzerstörung beiträgt, sofern es nicht aus nachhaltigem Anbau stammt.

Um möglichst schonend mit unserer Natur umzugehen, ist auch die Lebensdauer eines Teiches sehr wichtig. Für den Abbau der benötigten Materialien wird unweigerlich in die Natur eingegriffen. Mit einer langfristigen Planung und Nutzung des angelegten Gewässers sorgen wir dafür, dass die Wunden in der Natur, die die abgebauten und hergestellten Werkstoffe verursachen, kleinstmöglich bleiben und der Nutzen für seine Bewohner überwiegt.

Auch die Kleine Binsenjungfer schätzt besonnte Gewässer.

In vielen Gartenteichen lauert eine unterschätzte Gefahr für Amphibien: Fische sind insbesondere für den Nachwuchs eine große Bedrohung. Denn Laich und Larven sind eine begehrte Beute. Wer Kröten und Co. als Nachbarn begrüßen möchte, sollte also auf das Einsetzen von Fischen verzichten. Nicht nur Raubfische wie Flussbarsche, Bachsaiblinge und Bachforellen machen Jagd auf Amphibien, auch beliebte Gartenfische wie Goldfische und Rotfedern werden ihnen gefährlich. Aktuellen Untersuchungen zufolge können sogar die als ungefährlich geltenden Moderlieschen zu ernsthaften Feinden werden.

Nicht nur im Gartenteich sind die Fische eine Bedrohung, auch in der Natur stellen sie eine der größten Gefahren für die heimische Amphibienwelt dar. Amphibien bilden eine wichtige Verknüpfung im Nahrungsnetz und sind eine wertvolle Nahrung für die verschiedensten Tiere – von kleinen Käfern bis zu großen Fischen. Natürlicherweise werden ihre Bestände dadurch nicht gefährdet. Denn sie haben Strategien entwickelt, mit der Gefahr umzugehen. Zum Beispiel gleichen sie Verluste durch große Laichmengen aus, verstecken ihre Eier oder bewahren sich durch giftige Hautsekrete davor, gefressen zu werden. Dadurch leben die Angehörigen der Amphibienarten unterschiedlich gefährlich – die Larven der Erdkröte werden beispielsweise aufgrund ihrer Giftigkeit von vielen Tieren verschmäht.

Damit Amphibien in der Natur auch mit Fischen gemeinsam in einem Gewässer bestehen können, sind ausreichend Raum und Nahrung, genügend Möglichkeiten zum Verstecken und nur ein Vorkommen heimischer Fischarten in einer natürlichen Dichte wichtig.

Totholz und Laubhaufen

Brechen Äste von Bäumen ab oder fallen Stämme um, entstehen neue Verstecke für Amphibien. Ein besonderes Klima entsteht, wenn am Boden liegendes Totholz in eine Laubschicht eingebettet ist. Denn sie sorgt für eine gleichbleibende Feuchtigkeit, bei der sich Amphibien wohlfühlen. Liegende Stämme punkten dabei mit ihrem Umfang: Weil sie in ihrem Inneren viel Feuchtigkeit speichern, versprechen sie ein stabiles Mikroklima. Deswegen stehen diese Unterschlüpfe zum Beispiel beim im Wald lebenden Feuersalamander hoch im Kurs. Unter einem umgestürzten Baum bettet er sich den Tag über in der feuchten, kühlen Erde. Dort ist er sowohl vor den Strahlen der Sonne als auch vor den Blicken umherstreifender Räuber geschützt. Außerdem wimmelt es vor kleinem Getier, das unfreiwillig sozusagen als Frühstück im Bett dient.

Wer in seinem Garten ein solches Versteck für Amphibien anbieten möchte, kann einen Totholzhaufen gestalten. Der Aufwand dafür ist denkbar gering und zugleich bietet er einen Nutzen für die unterschiedlichsten Tiere. Während Amphibien und Käfer das Kellergeschoss beziehen, finden in den darüber liegenden Stockwerken Vögel einen Brutplatz und Schmetterlinge ein Winterquartier. Auch Igel ziehen gerne im Erdgeschoss ein und verbringen dort die Tage und die kalte Jahreszeit. Vor den stacheligen Nachbarn sollten sich die Amphibien allerdings in Acht nehmen, denn neben Insekten gehören zum Beispiel auch kleine Frösche zu ihrer Beute.

Beim Häufen findet alles Verwendung, was im Garten anfällt: ob dicke Äste vom Obstbaum oder dünne Zweige von Sträuchern. Auch das alljährlich auf den Boden herabfallende Laub kann als Baustoff genutzt werden.

Bevor das Anlegen des Haufens losgehen kann, muss der Standort ausgewählt werden. Eine ungestörte Ecke im Garten eignet sich am besten. Dort können sich die Bewohner versteckt halten. An einer schattigen Stelle hält sich die Feuchtigkeit am besten, sodass die Tiere auch an einem heißen Sommertag darin vor Trockenheit geschützt sind. Wird der Haufen an oder in einer naturnahen Hecke platziert, bietet das zusätzlichen Schutz vor Feinden und eine direkte Anbindung für die Suche nach Nahrung.

Beim Anlegen einer Wildstrauchhecke gilt das Motto »Vielfalt schafft Vielfalt«. Je abwechslungsreicher die Hecke gestaltet wird, desto zahlreicher versammeln sich dort die Insektenarten. Das wiederum schafft einen reichhaltig gedeckten Tisch für die Amphibien. Auf diese Weise kann auch auf kleiner Fläche ein beachtlicher Artenreichtum entstehen. Besonders zu empfehlen sind beispielsweise Weißdorn und Wildrosen, Schlehe und Sal-Weide. Diese heimischen Sträucher sind nicht nur bei Insekten, sondern auch bei Vögeln beliebt. Denn gegenüber nichtheimischen Arten haben sie den Vorteil, dass sie zugleich Schutz und Nahrung bieten. An diese Nahrungsgründe hat sich unsere Tierwelt angepasst. Wer eine Wildstrauchhecke anlegt, kann somit einen unschätzbaren Beitrag zum Artenschutz leisten.

Ist ein Platz gefunden, sollte zunächst für einen offenen Boden gesorgt werden. Dadurch haben es die Amphibien leichter, sich in der Erde zu vergraben. Noch dazu erleichtert es bodenbewohnenden Insekten die Besiedlung des Totholzhaufens. Und das schafft auch ein reichhaltiges Nahrungsangebot für die anderen Bewohner.

Falls der Haufen auf einer Wiese platziert wird, sollte somit zuvor die Grasnarbe abgetragen werden. Dafür unterteilt man die Fläche mit senkrechten Stichen. Dann wird der Spaten waagerecht unter die Grasnarbe geschoben und das Gras Stück für Stück herausgehoben.

Damit die Amphibien auch in der kalten Jahreszeit vor Wasser und Frost geschützt sind, kann mittig unter dem entstehenden Haufen ein Keller gebaut werden. Gefüllt mit Ästen und Zweigen, bietet er den Amphibien die Möglichkeit, abhängig vom Wetter nach oben oder unten zu klettern. So ist es auch bei frostigen Temperaturen in den unteren Etagen gemütlich. Eine Größe von 50 Zentimeter Tiefe und 100 Zentimeter Durchmesser bietet sich für das Kellergeschoss an. Mit dem Umfang des Haufens kann auch der des Kellers angepasst werden. Insgesamt gilt: Je geräumiger der Totholzhaufen ist, desto mehr Wohnraum bietet er, und je dicker die »Wände« sind, desto besser sind die Tiere darin vor winterlicher Kälte und sommerlicher Hitze geschützt.

Beim Anhäufen braucht man sich (fast) keine Gedanken zu machen. Nach Lust und Laune können Stämme, Äste, Zweige, Rinde, Wurzeln und Laub nebeneinander und übereinander angeordnet werden. Nach und nach entsteht haufenweise Raum für neue Nachbarn im Garten. Mit dem bei der Gartenarbeit anfallenden Holz und Laub wächst der Haufen Schritt für Schritt in die Höhe und die Breite.

Große Bauarbeiten sollten wir als rücksichtsvolle Vermieterinnen und Vermieter im beginnenden Frühling oder im Herbst durchführen. Denn etwa zwischen März und April sowie zwischen September und Oktober wechseln die Bewohner. In dieser Zeit lassen sich große Mengen an Material nachlegen, ohne dass es beim Überwintern oder Brüten stört. Kleine Mengen können vorsichtig auch zu anderen Jahreszeiten aufgelegt werden.

Alternativ zu Totholzhaufen lassen sich andere Holzelemente im Garten anordnen. Neben einzelnen Ästen oder Stämmen bieten zum Beispiel Holzstapel wertvolle Verstecke für Amphibien. In den unterschiedlichsten Formen bieten sie Platz für eine Fülle von Leben und sind einzigartige Hingucker.

Steinhaufen

Nicht nur Haufen aus Holz, auch solche aus Stein bieten Rückzugsräume für Amphibien. Allen voran die Geburtshelferkröte lässt sich mit Vorliebe in den Zwischenräumen nieder. Wer einen Steinhaufen oder eine Trockensteinmauer im Garten hat, kann daraus mit Glück irgendwann den melodischen Ruf der kleinen Kröte vernehmen. Zwischen den Steinen finden die Amphibien ein verborgendes Versteck, einen sicheren Platz zur Überwinterung und noch dazu kostbare Nahrung.

Während schattig gelegene Haufen auch bei anhaltender Hitze Feuchtigkeit versprechen, sind sie in sonniger Lage begehrt, um die Wärme zu nutzen. Die Geburtshelferkröte bevorzugt Stein-, Schutt- und Geröllhaufen in der Sonne. Doch um den unterschiedlichen Ansprüchen der Amphibienarten gerecht zu werden, bietet sich die Anlage mehrerer Steinhaufen an unterschiedlichen Orten an. So können sie sich den passenden Lebensraum aussuchen.

Wie bei den Totholzhaufen gilt auch bei den Steinhaufen: Je größer sie sind, desto mehr Lebensraum bieten sie. Noch wichtiger als die Größe ist das verwendete Gestein: Es sollte sowohl im Umfang als auch in der Form bunt zusammengewürfelt sein. Denn sind die Steine zu klein, bieten die Zwischenräume zu wenig Platz, und sind sie zu groß, gelangen leicht Feinde in das Innere des Haufens. Der Großteil sollte einen Durchmesser von 20 bis 40 Zentimetern haben. Dennoch werden auch davon abweichende Steinelemente besiedelt – so lässt sich die kleine Geburtshelferkröte auch in den engen Zwischenräumen von Steinen nieder, die nur einen Durchmesser von etwa 10 Zentimetern haben.

Strukturen aus Naturstein und Totholz schaffen Verstecke für verschiedene Amphibienarten.

Als Material für den Haufen lassen sich am besten Steine verwenden, die im Garten zu finden sind oder zum Beispiel beim Umgraben in der benachbarten Landwirtschaft anfallen. Früher wurden Letztere oft in Form von Lesesteinhaufen an den Feldrändern angehäuft und dienten dort als Lebensräume für Amphibien, Reptilien und andere Bewohner unserer Landschaft. Wo bis an die Feldwege heran gewirtschaftet wird, fehlt dafür heute leider der Platz. Deswegen sieht man solche Steinstrukturen nur noch selten. Auf der Suche nach Steinen bietet es sich an, Landwirtinnen und Landwirte in der Nähe zu fragen. Oft sind sie froh, anfallende Steine abgeben zu können. Das bietet zweierlei Vorteile: Zum einen ist das Material kostenlos oder zumindest kostengünstig. Zum anderen schont es unsere Natur, denn um die Nachfrage nach Naturstein zu stillen, werden in Form von Steinbrüchen tiefe Wunden in die Landschaft gerissen und bestehende Lebensräume Stück für Stück untergraben. Um keine Strukturen zu zerstören, sollten selbstverständlich für den eigenen Steinhaufen keine Steine aus der Natur gesammelt werden.

Auf und am Steinhaufen wachsende Pflanzen bieten den Amphibien Sicherheit. Sie schützen nicht nur vor Feinden, sondern fördern auch ein günstiges Kleinklima im Inneren. Somit kann man der Natur Raum bei der Gestaltung geben. Lediglich wenn die Pflanzen den Steinhaufen zu stark bewachsen oder sogar beschatten, sollte eingeschritten und ein Teil des Bewuchses entfernt werden.

Beim Bau einer Trockensteinmauer kann die Bepflanzung bereits mitgedacht werden. Eine Vielzahl an Pflanzen gedeiht in den kargen Spalten. Dadurch kann eine solche Mauer zum Magnet für Insekten werden. Davon profitieren auch die dort lebenden Amphibien, denn nur insektenfreundliche Gärten sind auch amphibienfreundlich.

Wildnis wagen

Auch ohne das Anlegen eines Gewässers lässt sich ein Garten amphibienfreundlich gestalten. Neben dem Anbieten von Totholz- und Steinelementen ist es dabei der Weg, den wir bei der Gartenarbeit einschlagen, der über die Ansiedlung von Frosch und seinen Verwandten entscheidet. Das Gestalten von Naturgärten und das insektenfreundliche Gärtnern haben in den letzten Jahren eine Renaissance erlebt. Das nutzt auch den Amphibien: Wo es vor kleinem Getier wimmelt, ist für sie der Tisch gedeckt. Das lässt sich vor der Haustüre leicht erschaffen. Und dadurch findet sich insgesamt schnell eine farbenfrohe Tierwelt im Garten ein – sie reicht von Amphibien über Vögel bis hin zu insektenfressenden Säugetieren wie Spitzmäusen und Igeln.

Auf der Suche nach Nahrung lassen sich Insekten von bunten Landschaften anlocken. Heimische Pflanzen bieten zuckerreiche Säfte, frisches Grün und nahrhaften Nektar und Pollen. Von Bienen und Hummeln über Falter und Fliegen bis hin zu Käfern und Wanzen – viele finden hier ihre Speisen. Das bleibt nicht unbemerkt: Wo Insekten kreuchen und fleuchen, finden sich auch ihre Feinde ein. Während Laubfrösche in luftiger Höhe auf die Jagd gehen, machen Erdkröten am Boden Beute – so vielfältig wie die Welt der Insekten ist, sind auch die Bedürfnisse der Amphibien.

Wildnis zu wagen, wird beim insektenfreundlichen Gärtnern belohnt. In der warmen Jahreszeit fällt das noch leichter: Nachdem sich im Frühling das

Leben zu regen beginnt, herrscht in den darauffolgenden Monaten ein reges Treiben. Dann verschmilzt das Summen, Brummen und Zirpen zur Sinfonie des Sommers. In dieser Zeit lassen sich Insekten im Überfluss beobachten – sofern sie noch nicht aus der Landschaft verschwunden sind. Doch wenn die Blüten verwelken und die farbenfrohe Vegetation Tag für Tag mehr verblasst, ziehen sich auch die Insekten allmählich zurück. Vergraben im Boden, in hohlen Stängeln verborgen oder zwischen trockenem Reisig versteckt, verbringen sie den Winter.

In der kalten Jahreszeit wirkt der Garten oft trostlos ohne das emsige Treiben der kleinen Bewohner. Die braune Vegetation verlockt dazu, vor der Haustüre aufzuräumen und die Vorbereitungen für das bevorstehende Erwachen zu treffen. Dabei fällt das Leben, das hier schlummert, leicht der Gartenschere zum Opfer. Damit die Insekten ungestört ruhen können, bis die warmen Sonnenstrahlen sie wecken, ist es wichtig, ihnen genug Zeit zu lassen. Ein Garten, in dem vertrocknete Pflanzen stehen, herabgefallene Blätter die Erde bedecken und sich totes Holz türmt, mag auf den ersten Blick unordentlich erscheinen. Doch beim genauen Hinsehen lässt sich das Leben erkennen, das – leiser als in der warmen Jahreszeit – seinen Gang geht und bald wieder aufblüht.

Neben einem reichen Angebot an heimischen Pflanzen lässt sich für Insekten noch auf andere Arten Lebensraum schaffen. Ob im Garten, auf dem Balkon oder im Innenhof – überall kann ein Wohnort für sie entstehen. Offene Böden, trockene Pflanzen und totes Holz werden von ihnen und ihrem Nachwuchs ebenso besiedelt wie Natursteinmauern sowie speziell für die Arten angefertigte Nisthilfen. Damit lässt sich in unseren Siedlungen Raum für sie schaffen – und damit auch für Amphibien.

Zum Weg »Wildnis wagen« gehört natürlich auch das giftfreie Gärtnern. Sorgen wir dafür, dass unsere Gärten frei von giftigen Pestiziden sind, verschaffen wir der Natur Luft zum Aufatmen. Den Amphibien nutzt das auf zweierlei Weise: Sie sind dadurch nicht nur vor direkten Giften geschützt, sondern erhalten auch ein größeres und gesünderes Nahrungsangebot. In insektenfreundlichen Gärten lauert auch nicht die Gefahr, dass die Amphibien indirekt über ihre Beutetiere Gifte aufnehmen. So kann sich etwa die in der Nachbarschaft lebende Erdkröte auf ihren nächtlichen Streifzügen sorglos an einer Nacktschnecke gütlich tun.

Die Kreuzkröte nutzt gerne den Schutz der Dunkelheit für ihre Erkundungstouren.

Gefahren im Garten

Nicht nur Gifte können den Amphibien im Garten gefährlich werden. Auch einer Reihe anderer Bedrohungen stehen sie hier gegenüber. Glücklicherweise lassen sie sich ohne großen Aufwand entschärfen, sodass ein sicherer Lebensraum für die kleinen Nachbarn entstehen kann.

Gartenmaschinen

Wie auf der Straße stoßen Amphibien auch im Garten auf gefährliche Ungetüme. Laubbläser, Laubsauger und Rasenmäher stellen ihren Lebensraum in Windeseile auf den Kopf. Wer ihr Wirken überlebt, steht schutzlos da: Das hohe Gras und die dicke Laubschicht, die als Verstecke dienten, sind spurlos verschwunden. Nun müssen sich die Bewohner einen neuen Unterschlupf suchen. Doch nicht alle haben so viel Glück: Für Amphibien endet das Aufeinandertreffen mit solchen Gartenmaschinen oft tödlich. Zu scharf sind die Messer, zu stark die Kraft. Auch auf ihren nächtlichen Wanderungen sind die Tiere nicht sicher: Mähroboter ziehen heute betriebsam ihre Bahnen – eine Gefahr, der Amphibien hilflos gegenüberstehen.

Um sie vor den Maschinen zu schützen, sollte der Einsatz nach Möglichkeit vermieden werden. Anstelle vom Laubbläser und Laubsauger kann zum Rechen gegriffen werden. Und statt mit einem Mähroboter lässt sich mit einem herkömmlichen Rasenmäher oder mit einer Sense arbeiten. Wie auf den Feldern gilt auch auf der Wiese vor der Haustüre: Wird nicht zu nah am Boden gemäht, erhöhen sich die Überlebensaussichten der Amphibien. Mindestens eine Höhe von zehn Zentimetern sollte beim Mähen eingehalten werden. Dann können sich die Tiere unter der Gefahr wegducken.

Schwimmbecken

Im warmen Sommer locken Schwimmbecken in Siedlungen mit einer kühlen Erfrischung. Auch Amphibien wagen auf der Suche nach einem Fortpflanzungsgewässer den Sprung hinein. Doch die steilen und glattwandigen Beckenränder bieten ihnen keinen Halt, um das Wasser wieder zu verlassen. Dadurch befinden sie sich in einer tödlichen Falle und können ohne Hilfe leicht ertrinken. Wie lange es die Amphibien im Wasser aushalten, ist von Art zu Art sehr unterschiedlich und hängt zum Beispiel davon ab, wie gut die Tiere schwimmen können und wie viel des benötigten Sauerstoffs sie über die Lungen aufnehmen und wie viel über die Haut. So sind zum Beispiel Erdkröten oder Feuersalamander keine ausdauernden Schwimmer, für sie wird das Wasser oft zur Gefahr.

Um zu verhindern, dass Amphibien im Becken landen, sollten die Ränder eine Höhe von etwa 40 Zentimetern gegenüber dem Boden haben. Dadurch werden die Tiere wie am Amphibienschutzzaun abgefangen. Im Boden eingelassene Schwimmbecken oder Schwimmteiche mit glatten Wänden lassen sich durch Ausstiegshilfen absichern. Über ein schräg gestelltes Holzbrett oder Metallgitter können die Tiere aus dem Wasser herausklettern. Bei Nichtbenutzung lässt sich das Becken auch bündig abdecken.

Ganz allgemein lässt sich sagen, dass Gewässer, die für die menschliche Nutzung und nicht als Lebensraum für Tiere gedacht sind, so gestaltet werden sollten, dass sie Amphibien nicht zugänglich sind. Denn auch wenn die Tiere selbstständig hinausgelangen, lauern dort Gefahren: In der Regel werden diese Gewässer zur Reinigung intensiv mit verschiedenen Mitteln behandelt. Hinzu kommt, dass auch wir bei der Nutzung Chemikalien ins Wasser tragen, die den Amphibien schaden können. Zum Beispiel wird häufig Insektenspray verwendet, das dafür sorgen soll, dass der sommerliche Badespaß nicht getrübt wird. Für die sensiblen Tiere kann es allerdings schädlich sein.

In Schwimmbecken ist das Ertrinken allerdings nicht die einzige Gefahr. Auch auf Pumpen, Filter und Skimmer zu treffen, kann für die Tiere tödlich enden. Die Geräte sollten entweder amphibiensicher umgebaut werden oder die Technik sollte ganz weggelassen werden, wo möglich. So können zum Beispiel Schwimmteiche angelegt werden, die sich mithilfe von Wasserpflanzen selbst reinigen.

Ob Teich oder Schwimmteich: Im Laufe der Zeit sammeln sich herabgefallenes Laub und abgestorbene Pflanzen im Wasser an. Bildet sich am Boden eine dicke Schlammschicht, können Faulgase entstehen. Im Winter, wenn eine Eisschicht das Entweichen der Gase verhindert, laufen die im Teich überwinternden Amphibien Gefahr, davon vergiftet zu werden oder aufgrund des schwindenden Sauerstoffs zu ersticken. Befindet sich viel totes Pflanzenmaterial im Teich, sollte ein Teil davon entfernt werden. Um Störungen zu vermeiden, ist der beste Zeitpunkt dafür im Herbst zwischen September und Oktober. Ein Sauger sollte beim Entschlammen zum Schutz der Amphibien nicht zum Einsatz kommen. Am rücksichtsvollsten lässt es sich händisch mit Schaufel oder Kescher entfernen. Der Schlamm sollte anschließend einen Tag neben dem Teich liegen gelassen werden, damit die darin versteckten Tiere ins Wasser zurückkehren können.

Keller

Wie Schwimmbecken und Schwimmteiche können auch Kellertreppen und Lichtschächte zur Falle werden. Einmal auf einem nächtlichen Streifzug heruntergepurzelt, führt für Amphibien oft kein Weg wieder hinaus. Wenn am Tag die Sonne für ansteigende Temperaturen und Trockenheit sorgt, ringen die auf Feuchtigkeit angewiesenen Tiere ums Überleben. Mit regelmäßigen Kontrollen können sie gerettet werden. Damit sie in Sicherheit sind, bis eine rettende Hand sie befreit, lässt sich ein Notfalllager einrichten: Ein feuchtes Handtuch mit einem schräg an die Wand gelehnten Dach in Form eines Holzbrettes oder einer Steinfliese bietet Schutz vor Trockenheit. Die geretteten Tiere können dann an einem geschützten Ort in der Nähe abgesetzt werden: an einem Totholzhaufen, in einem Laubhaufen oder neben einer Hecke.

Damit Amphibien gar nicht erst in diese Notlage geraten, lassen sich Kellertreppen und Lichtschächte amphibiensicher gestalten. Schächte können mit einem feinmaschigen Gitter, einem Lochblech, einer Glas- oder Kunststoffplatte bündig abgedeckt werden. Damit auch kleine Molche nicht hindurchfallen, ist es empfehlenswert, dass die Maschen und Löcher eine Größe von etwa drei Millimetern haben. Alternativ zu einer Abdeckung lässt sich auch eine Ausstiegshilfe anbringen: Hier eignet sich zum Beispiel ein grobes Holzbrett oder ein Lochblech, das mit einer Steigung von maximal 60 Grad hinauf in die Freiheit führt.

Auch Kellertreppen lassen sich mithilfe von griffigen Holzbrettern oder Metallblechen amphibiensicher nachrüsten. Auf ihnen können die Tiere seitlich die Stufen überwinden. Wird eine Treppe gebaut, lassen sich die Amphibien gleich mitdenken: Eine schmale Rampe aus Stein, wie man sie auch für Fahrräder verwendet, ermöglicht ihnen ebenfalls den selbstständigen Ausstieg.

Zäune

Sogar die Gärten selbst können zur Falle für Amphibien werden. Denn vielerorts ragen zwischen ihnen Zäune unüberwindbar wie Mauern empor. Oft fehlt es an Schlupflöchern, sodass die kleinen Wanderer ein- oder ausgeschlossen werden. Damit sie auf ihrem Weg nicht aufgehalten werden, sind bei Zäunen Zwischenräume am Boden wichtig. Eine natur- und amphibienfreundliche Alternative sind Grundstücksbegrenzungen in Form von Wildhecken aus heimischen Gehölzen oder Totholzhecken. Beides ermöglicht nicht nur eine ungehinderte Wanderung, sondern auch einen geschützten Lebensraum und einen reichhaltig gedeckten Tisch, weil sie auch Insekten, Spinnen, Würmer und andere Beutetiere fördern und beherbergen.

Hoffnung und Handeln

Ob auf der Straße, im Garten oder in der Landschaft – die heimische Amphibienwelt steht zahlreichen Gefahren gegenüber. Viele davon haben wir Menschen verschuldet. Wir haben bunte Wiesen in grüne Wüsten verwandelt, mit grauen Bändern die Lebensräume zerschnitten und bringen durch den Klimawandel den sensiblen Wasserhaushalt durcheinander. Heute wird uns bewusst, was wir verlieren, wenn die Amphibien verschwinden, und was wir gewinnen, wenn wir uns für ihren Schutz einsetzen.

Als Jäger und noch mehr als Gejagte sind Amphibien ein untrennbarer Teil der Lebensgemeinschaften unserer heimischen Mitwelt. Das Gesicht der Natur wäre ohne sie ein völlig anderes. Verschwinden sie, verändert sich auch die Gemeinschaft der anderen Tiere. Darüber hinaus bringen Amphibien Farbe in unsere Landschaft und lassen ihre Musik erklingen. Sei es die farbenfrohe Gestalt des Feuersalamanders oder das melodische Rufen der Wasserfrösche – bei meiner Reise in die Welt der Amphibien hat mich ihre Schönheit in den Bann gezogen. Umso schmerzhafter ist es zu sehen, wie sie verschwinden.

Doch so düster die Aussichten für unsere Amphibien sind, so groß ist auch meine Hoffnung für ihre Rettung. Denn die größte Gefahr für sie ist die Gleichgültigkeit. Solange wir gemeinsam für ihren Schutz eintreten, ist ihre Zukunft noch nicht besiegelt. Wir alle machen einen Unterschied, wo und wie immer wir uns für die Tiere einsetzen: ob am Amphibienschutzzaun an der Straße, mit der amphibienfreundlichen Gestaltung des Gartens oder mit dem Einsatz für den Schutz natürlicher Wiesen, Wälder und Gewässer.

Mit Hoffnung und Handeln können wir die Schönheit unserer heimischen Amphibienwelt bewahren. Deswegen möchte ich die abschließenden Worte der Verhaltensforscherin und Naturschützerin Jane Goodall überlassen:

»You cannot get through a single day without having an impact on the world around you. What you do makes a difference, and you have to decide what kind of difference you want to make.«

Bild rechts: Die Gelbbauchunke ist aufgrund ihrer spezialisierten Lebensweise besonders auf unsere Hilfe angewiesen.

Die Autorin

Von klein auf erkundete Farina Graßmann mit der Kamera die Natur. Heute setzt sie sich in Naturschutzprojekten, als Naturfotografin, Autorin und Referentin für deren Schutz ein. Mit ihrer Arbeit erzählt sie die Geschichten der unscheinbaren und auffälligen Bewohner der Natur. Für dieses Buch hat sie alle in Deutschland heimischen Amphibienarten in ihren Lebensräumen besucht. Begeisternd regt sie zum Begegnen und Bewahren an.

Neben der Schönheit sieht die Autorin beim Fotografieren auch immer wieder die Schäden in den Wäldern, auf den Wiesen und an den Flüssen. Im Angesicht von Artensterben und Klimawandel ist es für sie wichtiger denn je, dass wir lernen, die Natur Natur sein zu lassen. Denn diese ist unsere Schatzkammer der Artenvielfalt, unsere Verbündete im Klimaschutz und Ort der Erholung zugleich. Von Farina Graßmann ist im pala-verlag bereits das Buch »Wunderwelt Totholz« erschienen.

Weitere Einblicke in Farina Graßmanns Arbeiten gibt es auf ihrer Homepage: www.farinas-fotokunst.de

Wunderwelt Natur

Farina Graßmann:
Wunderwelt Totholz
ISBN: 978-3-89566-401-4

Werner David:
Lebensraum Totholz
ISBN: 978-3-89566-270-6

Christopher Schmidt:
Die Kraniche der Welt
ISBN: 978-3-89566-410-6

Peter Wohlleben:
Bäume verstehen
ISBN: 978-3-89566-365-9

Weitere Bücher aus dem pala-verlag

Uwe Westphal:
Vogelstimmen in Wald und Hecke
ISBN: 978-3-89566-416-8

Sigrid Tinz:
Haufenweise Lebensräume
ISBN: 978-3-89566-389-5

Michael Altmoos:
Der Moosgarten
ISBN: 978-3-89566-387-1

Ulrike Aufderheide:
Tiere pflanzen
ISBN: 978-3-89566-388-8

Gesamtverzeichnis bei:
pala-verlag, Am Molkenbrunnen 4, 64287 Darmstadt, www.pala-verlag.de

ISBN: 978-3-89566-419-9

Am Molkenbrunnen 4, 64287 Darmstadt
www.pala-verlag.de

Bildnachweis:
S. 13: Gessner, Conrad: Icones Animalivm Qvadrvpedvm Viviparorvm Et Oviparorvm, Qvæ In Historiæ Animalivm Conradi Gesneri Libro I. Et II. Describvntvr, Cvm Nomenclatvris Singvlorum [...]. Tigvri : Excvdebat C. Froschovervs, Anno M. D. LX. Zentralbibliothek Zürich, NNN 44 | F, https://doi.org/10.3931/e-rara-1668 / Public Domain Mark
S. 14: Baldner, Leonhard. Vogel-, Fisch- Und Thierbuch. 1666. Straßburg. https://orka.bibliothek.uni-kassel.de/viewer/image/1343227732549/1/
S. 15, 16: Rösel von Rosenhof, August Johann: Historia Natvralis Ranarvm Nostrativm in qua omnes earum proprietates / Die natürliche Historie der Frösche hiesigen Landes. https://digi.ub.uni-heidelberg.de/diglit/roesel1758

alle anderen Fotos (auch Umschlagfotos): Farina Graßmann
www.farinas-fotokunst.de

Lektorat und Gestaltung: Angelika Eckstein

Druck und Bindung: Beltz Grafische Betriebe GmbH, Bad Langensalza
www.beltz-grafische-betriebe.de
Printed in Germany

Gedruckt auf
100% Recyclingpapier